普通高等教育农业部“十二五”规划教材

机械制图零部件测绘

（第四版）

主　编　王旭东　周　岭

副主编　熊平原　张日红

暨南大學出版社

JINAN UNIVERSITY PRESS

中国·广州

图书在版编目（CIP）数据

机械制图零部件测绘/王旭东，周岭主编；熊平原，张日红副主编．—4版．—广州：暨南大学出版社，2023.4（2024.1重印）
ISBN 978-7-5668-3606-9

Ⅰ.①机… Ⅱ.①王…②周…③熊…④张… Ⅲ.①机械元件—测绘—高等学校—教材 Ⅳ.①TH13

中国国家版本馆CIP数据核字（2023）第001273号

机械制图零部件测绘（第四版）
JIXIE ZHITU LINGBUJIAN CEHUI（DI-SI BAN）
主　编：王旭东　周　岭　副主编：熊平原　张日红

出 版 人：阳　翼
责任编辑：潘雅琴　梁念慈
责任校对：刘舜怡　黄亦秋
责任印制：周一丹　郑玉婷

出版发行：暨南大学出版社（511443）
电　　话：总编室（8620）37332601
营销部（8620）37332680　37332681　37332682　37332683
传　　真：（8620）37332660（办公室）　37332684（营销部）
网　　址：http://www.jnupress.com
排　　版：广州市新晨文化发展有限公司
印　　刷：佛山市浩文彩色印刷有限公司
开　　本：787mm×1092mm　1/16
印　　张：9.75
字　　数：250千
版　　次：2010年6月第1版　2023年4月第4版
印　　次：2024年1月第13次
定　　价：35.00元

第四版前言

《机械制图零部件测绘》第四版是在2018年第三版的基础上修订而成。根据机械制图零部件测绘课程内容的实际需要，本次修订扩充了第四章“部件测绘”的内容，为便于老师讲解，也为本书配套了与教材内容基本一致的PPT课件。

本书自2010年出版以来，受到读者的好评。2013年被评为普通高等教育农业部“十二五”规划教材，取得了较好的社会效益和经济效益。

参加此次修订工作的人员有仲恺农业工程学院的张日红、王旭东、熊平原、凌轩，塔里木大学的周岭。

仲恺农业工程学院朱立学教授对本次修订工作给予了很大的帮助，在此表示衷心感谢！

本书在修订过程中得到了暨南大学出版社潘雅琴副编审的大力帮助，在此表示衷心感谢！

此次修订虽然做了大量工作，但限于我们的水平，书中难免存在错漏，恳请读者批评指正。

编　者

2022年12月

第三版前言

《机械制图零部件测绘》第三版是在2013年第二版的基础上修订而成。本次修订根据机械制图的最新国家标准对全书内容进行更新和完善，对全书的配图进行替换，同时根据本课程的教学改革的发展趋势对相关内容做了调整，在本次修订过程中也参考了读者提出的相关意见。修订后的图书更适合该课程教与学的要求，为学生今后的专业发展打下良好的基础。

本书自2010年出版以来，受到读者的好评。2013年被评为普通高等教育农业部“十二五”规划教材，取得了较好的社会效益和经济效益。

本书由王旭东、周岭主编。参加此次修订工作的人员有仲恺农业工程学院的王旭东、熊平原、张日红、凌轩，塔里木大学的周岭。

仲恺农业工程学院朱立学教授对本次修订工作给予很大帮助，在此表示衷心感谢！

本书在修订过程中得到暨南大学出版社潘雅琴副编审的大力帮助，在此表示衷心感谢！

此次修订虽然做了大量的工作，但限于我们的水平，书中难免还存在错漏，恳请读者批评指正。

编　者

2018年3月

第二版前言

本书是在2010年版的基础上，基于应用型人才培养目标，参照近年来发布的国家制图标准和本书第一版的反馈意见与建议修订而成。书中各章节基本保持了第一版的体例和内容，但对第二、三、四章的内容做了较多删改与补充。

本书由王旭东、周岭主编。参加此次修订工作的人员有仲恺农业工程学院的王旭东、熊平原、张日红、凌轩，塔里木大学的周岭。

仲恺农业工程学院朱立学教授对本次修订工作给予很大帮助，在此表示衷心感谢！

在本书的修订过程中，得到暨南大学出版社潘雅琴副编审的大力帮助，在此表示衷心感谢！

此次修订虽然做了大量的工作，但限于我们的水平，书中难免还存在错漏，恳请读者批评指正。

编　者

2013年8月

前　言

机械制图课程是高等工科院校机械类和近机类专业的一门必修技术基础课，其主要目的是培养学生的工程设计表达能力、空间思维能力、工程实践能力、设计创新能力以及严谨细致的工作作风和认真负责的工作态度。

随着工业技术的迅猛发展，各种新产品层出不穷。许多产品是通过测绘国内外同类先进产品，并在其基础上改进而成的。此外，机械设备的技术改造、技术革新也需要现场测绘部分零部件图样。

机械零部件测绘是培养学生掌握零件测绘和装配体测绘的重要实践教学环节，是理论与实践相结合的具体体现，是强化和提高学生绘图能力的重要手段。通过零部件测绘练习，可以为后续相关课程的学习打下基础，同时是学生走向社会，综合运用所学知识独立解决工程实际问题的重要起点。

本书针对应用型本科教学的实际情况，精心设计了测绘内容，从基本知识的储备到各种测量工具的应用，从测绘各种零件的步骤到绘图方案的选择，从尺寸标注技巧到零件技术要求的编写，形成了一套完整的教学系统，使学生通过训练，能够达到教学大纲的要求，也能更好地理解、掌握机械制图的内容。本书内容如下：

第一章概述零部件测绘的目的、内容、方法以及准备工作，提供教学安排和成绩评定标准，供指导老师参考。

第二章介绍零部件测绘的基础知识和基本技能。包括常用工具和量具及其使用、草图绘制技能训练以及技术要求的基础知识。

第三章介绍四类典型零件的测绘。具体为轴套类零件、轮盘类零件、支架类零件和箱体类零件的测绘内容和表达方法。

第四章介绍部件测绘。包括机用虎钳、圆柱齿轮减速器和齿轮油泵的工作原理、结构及拆卸注意事项和测绘方法。

第五章介绍零部件测绘报告的撰写、答辩准备工作和图纸的折叠方法。

本书可作为机械制图课程实训教学环节的补充教材，也可作为课程设计的教学参考书。

编　者

2009 年 12 月

目　录

第一章　概　述

零件是机械制造过程中的基本单元，其制造过程不需要装配工序。部件由若干装配在一起的零件组成。借助测量工具或仪器对机械零件进行测量和分析，确定表达方案、绘制零件草图并整理出零件工作图的过程，称为零件测绘。部件测绘是对部件进行拆卸与分析，绘制出部件的装配示意图，并对其所属零件进行测绘，确定部件装配图的表达方案，最终整理出部件的装配图及其所属零件的零件图的过程。在工程上，零部件测绘在设计、仿制和机械设备的修配等方面都起着重要的作用。

第一节　机械零部件测绘的内容、目的和要求

一、机械零部件测绘的内容

（1）掌握机械零部件测绘的全过程。

（2）掌握测绘工具的使用方法和测量方法。

（3）绘制被测零部件的草图。

（4）绘制被测零部件的工作图。

（5）绘制被测零部件的装配示意图和装配图。

（6）标注被测零部件的尺寸和技术要求。

二、机械零部件测绘的目的

（1）理论联系实际。综合运用机械制图课程所学的知识进行草图、示意图、零件图和装配图的绘制，使已学知识得到巩固和加强。

（2）初步培养学生从事工程制图的能力，学会运用技术资料、标准、手册和技术规范进行工程制图。

（3）掌握基本的测绘方法。通过测绘实训，使学生熟悉常用测量工具并掌握其使用方法。培养学生掌握正确的测绘方法和步骤，为今后专业课的学习和工程实践打下坚实的基础。

（4）提高分析问题和解决问题的能力。零部件测绘实训也是学生分析和解决实际工程问题的一次综合训练，包括查找资料的方法和途径、零件视图的选择和表达方案的制订、技术要求的提出和标注、部件的拆卸等。

三、机械零部件测绘的要求

（1）具有正确的工作态度。机械零部件测绘是对学生的一次全面的绘图训练，对其今后的专业设计和实际工作都有非常重要的意义。因此，学生必须积极认真、刻苦钻研、一丝不苟地练习，才能在绘图方法和技能方面得到锻炼与提高。

（2）培养独立的工作能力。机械零部件测绘是在教师指导下由学生独立完成的。学生在测绘中遇到问题，应及时复习有关内容或参阅有关资料，经过主动思考或与同组成员进行讨论，从而获得解决问题的方法，不能依赖性地、简单地索要答案。

（3）树立严谨的工作作风。表达方案的确定要经过周密的思考，制图应正确且符合国家标准。反对盲目、机械地抄袭和敷衍、草率的工作作风。

（4）培养按计划工作的习惯。在实训过程中，学生应遵守纪律，在规定的教室里按预定计划保质保量地完成实训任务。

第二节　零部件测绘的方法和步骤

一、零部件测绘的方法

（1）正确选择零件视图的表达方法，所选视图应符合机械制图的有关标准和规定，力求表达方案简洁、清晰、完整，用最少的图形将零件的结构形状表达清楚。零件草图应具有零件工作图的全部内容，包括一组图形、完整的尺寸标注、必要的技术要求和标题栏。草图应做到图形正确、比例适当、表达清晰、线型分明、工整美观。

（2）应在画出主要图形（按目测尺寸绘制）之后集中测量尺寸。切不可边画图，边测量，边标注。要注意测量顺序，先测量各部分的定型尺寸，后测量定位尺寸。测量时应考虑零件各部位的精度要求，将粗略的尺寸和精度要求高的尺寸分开测量。对于某些不便直接测量的尺寸（如锥度、斜度等），可在测量相关数据后，再利用几何知识进行计算。

二、零部件测绘的步骤

（1）做好测绘前的准备工作。强调测绘过程中设备、人身安全的注意事项。领取装配体和测量工具，准备好绘图工具如图纸、铅笔、橡皮、小刀等，并做好测绘场地的清洁工作。了解测绘实训的内容和任务要求，做好人员组织与分工，准备好有关资料、拆卸工具、测量工具和绘图工具。待这些准备工作完成之后，再进行实际测绘。

（2）了解测绘对象。在正式测绘前，仔细阅读测绘指导书，应全面细致地了解被测零部件的名称、用途、工作原理、性能指标、结构特点及在机械设备或部件中的装配关系和运转关系。

（3）拆卸部件。对零部件有完整、清晰、正确的了解以后，首先要对被测部件进行拆卸。在拆卸之前，还要弄清零部件的组装次序。在拆卸过程中，要弄清各零件的名称、作用和结构特点，对拆下的每一个零件都要进行编号、分类和登记。

（4）绘制装配示意图。装配示意图是在机器或部件拆卸过程中绘制的工程图样，它是绘制装配图和重新进行装配的基本依据。装配示意图主要表达各零件之间的相对位置、装配、连接关系、传动路线等。装配示意图通常只需用简单的符号、线条画出零件的大致轮廓及相互关系，而不必绘出每个零件的细节及尺寸。

（5）绘制零件草图。部件拆卸完成后，要画出部件中除标准件外的每一个零件的草图。对于标准件要单独列出明细表。

（6）测量零件尺寸。绘制零件草图与测量零件尺寸并不是同时完成的，测量工作要在零件草图绘制完成后统一进行。测量时应对每一个零件的每一个尺寸进行测量，将所得到的尺寸和相关数据标注在草图上。标注时，要注意零件的结构特点，尤其要注意零部件的基准及相关零件之间的配合尺寸和关联尺寸。

（7）尺寸圆整与技术要求的注写。对所测得的零件尺寸要进行圆整，使尺寸标准化、规格化、系列化。同时，还要对零件采用的材料、尺寸公差和位置公差、配合关系等技术要求进行选择，并标注到草图上。

（8）绘制装配图。根据装配示意图和零件草图绘制装配图是测绘的主要任务之一。装配图不仅要表达装配体的工作原理、装配关系和主要零件的结构形状，还要检查零件草图上的尺寸是否协调合理。在绘制装配图的过程中，若发现零件草图上的形状或尺寸有错，应及时更正后方可继续绘制。装配图画好后必须注明该机械或部件的规格、性能以及装配、检验和安装尺寸，还必须用文字说明机械或部件在装配调试、安装使用中必须具备的技术条件，最后按规格要求填写零件序号、明细栏和标题栏的各项内容。

（9）绘制零件工作图。零件工作图是零件加工的基本依据。当装配图完成以后，要根据装配图、零件草图并结合零部件的其他资料，用尺规或计算机绘制出零件工作图。应注意每个零件的表达方法要符合机械制图的相关规定；尺寸标注应完整、正确、清晰、合理；零件的技术要求注写采用类比法；最后填写标题栏。

（10）测绘总结与答辩。测绘工作完成后，学生要对在零部件测绘过程中所学到的测绘知识、技能及学习体会、收获以书面的形式写出总结报告，并参加答辩。

第三节 零部件测绘的应用

一、修复零件与改造已有设备

在维修机器或设备时，如果其某一零部件损坏，在无备件与图样的情况下，就需要对损坏的零部件进行测绘，画出图样以满足该零部件再加工的需要；有时为了发挥已有设备的潜力而对已有设备进行改造，也需要对部分零部件进行测绘后，进行结构上的改进并配制新的零部件或机构，以改变机器设备的性能，提高机器设备的效率。

二、设计新产品

在设计新机械产品时，有一种途径是对已有实物产品进行测绘，通过对测绘对象的工作原理、结构特点、零部件加工工艺、安装维护等方面进行分析，取人之长、补己之短，从而设计出比同类产品性能更优的新产品。

三、仿制产品

对于一些引进的新机械或设备（无专利保护），如果其性能良好并具有一定的推广应用价值，却缺乏技术资料和图纸，则通常可通过测绘机器设备的所有零部件，获得生产这种新机械或设备的有关技术资料，以便组织生产。这种仿制的优点是速度快，经济成本低。

四、机械制图零部件测绘教学

零部件测绘是各类工科院校尤其是应用型本科院校机械制图教学中的一个十分重要的实践性教学环节。其目的是加强对学生实践技能的训练，培养学生的工程意识和创新能力，同时是对机械制图课程内容进行综合运用的全面训练，可有效锻炼学生的动手能力、理论运用于实践的能力以及培养学生团结协作的精神。

第四节　零部件测绘的准备工作

在零部件测绘前，要做一些必要的准备，包括人员安排、资料收集、场所、工具等。

一、零部件测绘的组织准备

零部件测绘的组织准备即人员的安排。人员安排要根据测绘对象的复杂程度、工作量大小和参加人员的多少而定。学生零部件测绘实训大都是以班级为单位进行的。实训中，通常将学生分成几个测绘小组。各小组在全面了解测绘对象的基础上，重点了解本组所要测绘的零部件的作用以及与其他零部件之间的联系。然后在此基础上讨论实施测绘方案，对本组内的人员进行再次分工。

二、零部件测绘的资料准备

资料准备也是零部件测绘前的必要准备环节。在测绘前，要准备的必备资料如有关机械设计和制图的国家标准及参考书籍，有关被测零部件的资料、手册等。其中针对被测对象的资料包括被测部件的原始资料，如产品说明书、零部件的铭牌、产品样本、维修记录等；针对零部件的拆卸、测量、制图等方面的资料，如有关零部件的拆卸与装配方法的资料、有关零件的测量和公差确定方法的资料、机械零件设计手册、机械制图手册、机修手册以及相关工具书籍等。

三、零部件测绘场所和测绘工具准备

零部件测绘应选择安静宽敞、光线较好且相对封闭的场所。在选择时应满足便于操作、利于管理和相对安全的要求。测绘场所内应根据测绘的需要划分成若干个功能区：被测件存放区、资料区、工具区、绘图区等。如果同一地点有多个测绘小组，可根据实际情况划分为公共区和小组工作区。将可一起使用的资料、工具及其他公共物品存放在公共区内，小组专用物品放在小组工作区，而每个小组内也应划分为被测件存放区、绘图区等不同的工作区域。

在实际测绘前，应准备足够的工具，按用途分至少包括以下六大类：

（1）拆卸工具类。如扳手、螺丝刀、钳子等。

（2）测量量具类。如游标卡尺、钢板尺、千分尺及表面粗糙度的量具、量仪等。

（3）绘图用具类。如草图纸（一般为方格纸）、画工程图的图纸及绘图工具等。

（4）记录工具类。如拆卸记录表、工作进程表、数码照相机、摄像机等。

（5）保管存放类。如储放柜、存放架、多规格的塑料箱等。

（6）其他工具类。如起吊设备、加热设备、清洗液、防腐蚀用品等。

四、零部件测绘的操作规则

零部件测绘是一项过程相对复杂，理论与实践结合紧密，使用的设备、工具及用品较多的工作，在操作前必须制定严格的操作规则，以保证测绘作业的安全性、规范性和完整性。零部件测绘实训中的操作规则通常包括以下几个方面：

（1）安全方面的规则。安全方面的规则主要有人身安全、设备安全和防火防盗三个方面的内容。

人身安全的内容包括使用电器设备时应检验设备的额定电压，按设备的操作规程正确使用电器；使用转动设备时，应注意着装的要求，留长发的女同学应将头发放在帽子内，操作者应穿紧袖工装，启动设备时应观察有无妨碍和危险；使用夹紧工具时应防止夹伤，使用起吊设备时应注意下面的人员等。

设备安全主要是要求学生按照工作设备的操作规程正确使用工具和设备，避免造成工具设备的损坏，贵重和精密的仪器设备应轻拿轻放等。

防火防盗要求学生在使用除锈剂、油料时，应避免污染和引起火灾；在室内无人时注意关窗锁门，以防物品丢失。

（2）有关作业规范方面的规则。这类规则主要指物品摆放有序，如不同物品应放在不同的功能区，同一功能区的物品应整齐排列，工具设备使用完毕应放回原位等。

（3）有关清洁卫生方面的规则。清洁卫生方面的规则包括室内卫生清洁规则和物品清洁规则。其中室内卫生清洁规则包括卫生清扫值日制度，并禁止将食物、饮料及其他可能造成图纸污损、零件锈蚀和妨碍测绘作业的物品带入实训室内。

第五节　零部件测绘的教学安排与成绩评定

按照机械制图课程教学实践环节的基本要求，机械零部件测绘实训学时通常根据各专业人才培养方案，集中安排 1 ~2 周的时间。测绘内容及学时分配如表 1 –1 所示。

表 1 –1　测绘内容及学时分配表

序号	制图	测绘内容	学时分配	
			两周测绘	一周测绘
1	绘制装配示意图	了解所要测绘零部件的工作原理和装配关系，并复习教材中的相关章节。用专用工具按正确的拆卸顺序拆卸各零件，同时为拆卸下来的每一个零件编号（按拆卸的先后顺序编号，可用胶带纸将编号贴在零件上），并作适当记录，分清标准件和非标准件，再绘制装配示意图	2 天	1 天
2	绘制零件草图	草图用坐标纸徒手绘制，零件的表达方案应正确。每位同学需要测量并绘制一套完整的零件（非标准件）草图，标准件不需要绘制，只需测量尺寸后查阅标准，写出规定标记即可。注意在全部零件的草图绘制完成后，再统一测量并标注尺寸，相关零件的关联尺寸要同时注出，避免矛盾	2 天	1 天
3	绘制装配图	确定部件装配图的表达方案，根据测绘的零件图和装配示意图拼画装配图，注意在此过程中可能要同时修改已测绘的零件图。拼画装配图的方法和步骤请重新阅读教材的有关章节	2 天	2 天
4	绘制零件工作图	将主要零件整理成零件工作图，具体内容由指导老师确定。零件工作图应由装配图中拆画得到，在画零件工作图的过程中也可参考已绘制的零件草图。拆画零件图的步骤和要求请参阅教材的有关章节	2 天	0.5 天
5		撰写测绘报告书，交测绘作业	1 天	0.5 天
6		整理测绘模型、工具等	0.5 天	
7		答辩	0.5 天	

一、零部件测绘中对图纸的要求

零部件测绘中对图纸的总体要求是投影正确、视图选择与配置恰当、图面洁净、字体工整、线型和尺寸标注符合国家标准。

（1）对零件草图的要求。零件草图要求徒手画出（不得借助尺规等绘图工具），除尺寸比例、线型不作严格要求外，其他要求与零件图相同。

（2）对装配图的要求。除符合总体要求外，还要求标注规格尺寸、外形尺寸、装配尺寸、安装尺寸及其他重要尺寸。其中相关尺寸要与零件图中的零件尺寸完全一致。此外，零件编号和明细表、标题栏也必须符合国家标准。

（3）对零件工作图的要求。除符合总体要求外，还需要做到尺寸齐全、清晰、合理，表面粗糙度与公差配合的选用恰当，标注正确，标题栏符合要求。

二、零部件测绘实训中对报告的要求

零部件测绘实训一般要求学生提供两份报告。一份是被测部件工作原理分析报告，另一份是实训总结报告。如果被测零部件比较简单，且只安排一周时间，也可只要求提供一份报告。

被测部件工作原理分析报告的内容包括画出测绘部件的装配示意图，并说明工作原理和作用；有关配合、公差、材料的选择及理由；给出被测部件的主要规格性能尺寸、总体尺寸、安装尺寸的大小等。

总结报告应对测绘过程中的体会及收获进行书面形式的总结。

将所绘零件草图、装配图及零件工作图折叠成 A4 幅面，连同总结报告一起送交指导教师。

三、零部件测绘实训成绩的评定

零部件测绘实训成绩的评定应根据零件草图、装配图、零件工作图和总结报告综合评分。评分标准按不同专业的教学大纲来确定。例如，表达方案、投影、尺寸标注、技术要求和零件材料选用的正确性占总分的 50%，线型正确、字体工整、图面洁净占 10%，实训报告占 10%，平时成绩占 10%，答辩占 20%。

平时考核主要考查学生的工作态度和独立完成任务的情况。

测绘实训的成绩通常采用五级分制，即优秀、良好、中等、及格和不及格。

第二章　零部件测绘基础知识

第一节　常用拆卸工具

拆卸零部件时，为了不损坏零件和影响装配精度，应在了解装配体结构的基础上选择适当的工具。常用的拆卸工具主要有扳手类、螺钉旋具类、手钳类以及拉拔器和其他拆卸工具。

一、扳手类

扳手种类较多，常用的有活扳手、呆扳手和梅花扳手、内六角扳手、套筒扳手。

（一）活扳手

活扳手（GB/T 4440—1998）如图 2－1 所示。

用途：调节开口度后，可用来紧固或拆卸一定尺寸范围内的六角头或方头螺栓、螺母。

规格：以总长度（mm）×最大开口度（mm）表示，如 100×13，150×18，200×24，250×30，300×36，375×46，450×55，600×65 等。

特点：活扳手在使用时要转动螺杆来调整活舌，用开口卡住螺母、螺栓等，其大小以刚好卡住为好，即可旋紧或旋松零件。活扳手具有在可调范围内紧固或拆卸任意大小转动零件的优点，但同时具有工作效率低、工作时容易松动、不易卡紧的缺点。

（二）呆扳手和梅花扳手

1. 呆扳手（GB/T 4388—1995）

呆扳手分为单头呆扳手和双头呆扳手（见图 2－2）两种。

用途：单头呆扳手专用于紧固或拆卸一种规格的六角头或方头螺栓、螺母。双头呆扳手适用于紧固或拆卸两种规格的六角头或方头螺栓、螺母。

图 2－1　活扳手

图 2－2　双夹呆扳手

规格：单头呆扳手以开口宽度（mm）表示，如 8、10、12、14、17、19 等。双头呆扳手以两头开口宽度（mm）表示，如 8×10、12×14、17×19 等，每次转动角度大于 60°。

特点：呆扳手的开口宽度为固定值，使用时不需调整，因而具有工作效率高的优点。但缺点是每把呆扳手只适用于一种或两种规格的螺栓或螺母，工作时常常需要成套携带，并且由于只有两个接触面，容易对被拆卸件造成机械损伤。

2. 梅花扳手（GB/T 4388—1995）

梅花扳手分为双头梅花扳手（见图 2 - 3）和单头梅花扳手两种，并按颈部形状分为矮颈型、高颈型、直颈型和弯颈型。双头梅花扳手占用空间较小，是使用较多的一种扳手。

用途：梅花扳手适用于紧固或拆卸两种规格的六角头螺母、螺栓。

规格：单头梅花扳手以适用的六角头对边宽度（mm）表示，如 8、10、12、14、17、19 等。双头梅花扳手以两头适用的六角对边宽度（mm）表示，如 8 × 10、10 × 11、17 × 19 等，每次转动角度大于 15°（见图 2 - 4）。

特点：梅花扳手在使用时因开口宽度为固定值不需要调整，因此与活扳手相比具有较高的工作效率，占用空间较小，是使用较多的一种扳手。同时，因其有六个工作面，克服了如呆扳手因接触面小而容易对被拆卸件机械造成损伤的缺点。但也有需要成套准备的缺点。

图 2 - 3　双头梅花扳手

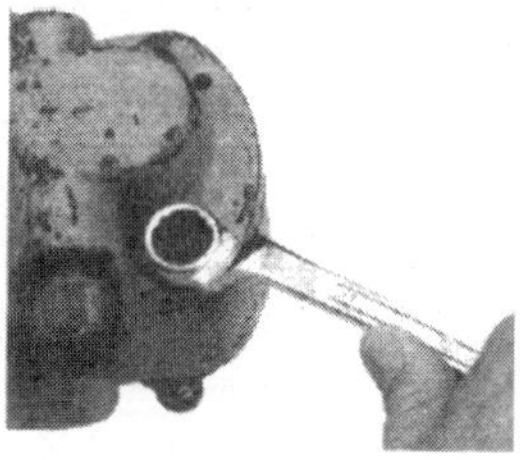

图 2 - 4　梅花扳手的使用

（三）内六角扳手

内六角扳手（GB/T 5356—1998）如图 2 - 5 所示。分为普通级和增强级，其中增强级用 R 表示。

用途：专门用于装拆标准内六角螺钉，其使用方法如图 2 - 6 所示。

规格：以适用的六角孔对边宽度（mm）表示，如 2、4、5、6、8、10 等。

图 2 - 5　内六角扳手

图 2 - 6　内六角扳手的使用

（四）套筒扳手

套筒扳手（GB/T 3390.1—2013）由套筒、连接件及传动件等组成，如图 2－7 所示。根据套筒、连接件及传动件的件数不同组成不同的套盒，如图 2－8 所示。

用途：用于紧固或拆卸六角螺母、螺栓（见图 2－9）。特别适用于空间狭小、位置深凹的工作场合。

规格：以适用的六角头对边宽度（mm）表示，如 10、11、12 等。每套件数有 9、13、17、24、28、32 等。

特点：套筒扳手在使用时根据要转动的螺母或螺栓的大小，安装不同的套筒进行工作。

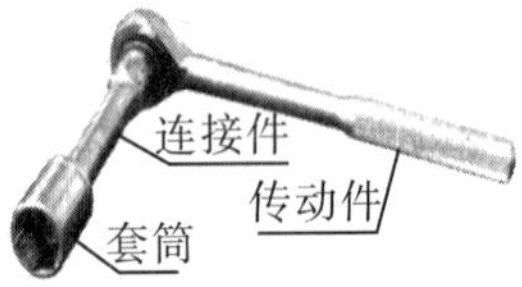

图 2－7　套筒扳手

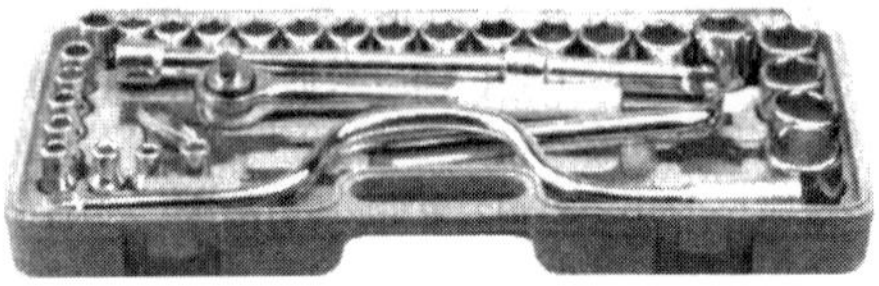
图 2－8　套筒扳手套盒

图 2－9　套筒扳手的使用

二、螺钉旋具类

螺钉旋具俗称螺丝刀或起子，常见的螺钉旋具按工作端形状不同分为一字槽、十字槽以及内六角花形螺钉旋具等。

（一）一字槽螺钉旋具

一字槽螺钉旋具（GB/T 10639—1989）按旋杆与旋柄的装配方式，分为普通式（用 P 表示）和穿心式（用 C 表示）两种，常见类型有木柄螺钉旋具、木柄穿心螺钉旋具、塑料柄螺钉旋具、方形旋杆螺钉旋具、短形柄螺钉旋具等，如图 2－10 所示，为一字槽塑料穿心螺钉旋具。

用途：用于紧固或拆卸各种标准的一字槽螺钉。

规格：以旋杆长度（mm）×工作端口厚（mm）×工作端口宽（mm）表示，如 50×0.4×2.5、100×0.6×4 等。

（二）十字槽螺钉旋具

十字槽螺钉旋具（GB/T 1065—1989）按旋杆与旋柄的装配方式，分为普通式（用 P 表示）和穿心式（用 C 表示）两种，按旋杆的强度分为 A 级和 B 级两个等级。常见类型有木柄螺钉旋具、木柄穿心螺钉旋具、塑料柄螺钉旋具、方形旋杆螺钉旋具、短形柄螺钉旋具等，如图 2－11 所示，为十字槽塑料穿心螺钉旋具。

用途：用于紧固或拆卸各种标准十字槽螺钉。

规格：以旋杆槽号表示，如 0、2、3、4 等。

螺钉旋具除了上述常用的几种之外，还有夹柄螺钉旋具（用于旋拧一字槽螺钉，必要时允许敲击尾部）、多用螺钉旋具（用于旋拧一字槽、十字槽螺钉及木螺钉，可在软质木料上钻孔，并兼作测电笔用）及双弯头螺钉旋具（用于装拆一字槽、十字槽螺钉，适于螺钉工作空间有障碍的场合）等。

（三）内六角花形螺钉旋具

内六角花形螺钉旋具（GB/T 5358—1998）专用于旋拧内六角螺钉，如图2－12所示。

内六角花形螺钉旋具的标记由产品名称、代号、旋杆长度、有无磁性和标准号组成。例如：内六角花形螺钉旋具 T10X75HGB/T 5358—1998（带磁性的以H字母标记）。

图2－10　一字槽塑料穿心螺钉旋具

图2－11　十字槽塑料穿心螺钉旋具

图2－12　内六角花形螺钉旋具

三、手钳类

（一）尖嘴钳

尖嘴钳（QB/T 2440. 1—1999）如图2－13所示，分柄部带塑料套与不带塑料套两种。

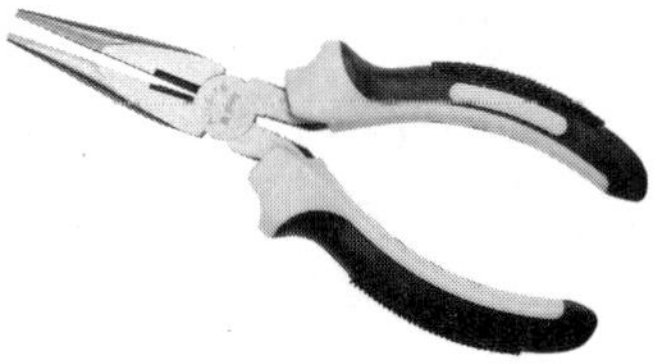

图2－13　尖嘴钳

用途：适合于在狭小工作空间夹持小零件和切断或扭曲细金属丝，带刃尖嘴钳还可以切断金属丝。主要用于仪表、电信器材、电器等的安装及其他维修工作。

规格：以钳全长（mm）表示，有125、140、160、180、200等。

产品的标记由产品名称、规格和标准号组成。例如：125mm的尖嘴钳标记为尖嘴钳125mm QB/T2440. 1—1999。

（二）扁嘴钳

扁嘴钳（QB/T 2440. 2—1999）按钳嘴形式分长嘴和短嘴两种，按手柄分为带塑料套与不带塑料套两种，如图2－14所示。

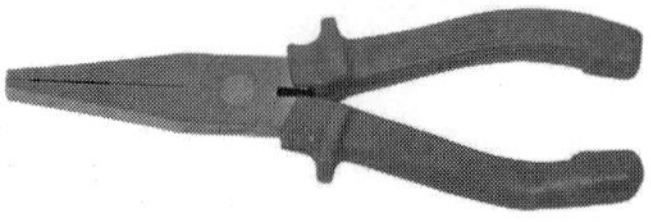

图2－14　扁嘴钳

用途：用于弯曲金属薄片和细金属丝、拔装销子和弹簧等小零部件。

规格：以钳全长（mm）表示，有125、140、160、180等。

产品的标记由产品名称、规格和标准号组成。例如：140mm的扁嘴钳标记为扁嘴钳140mm QB/T 2440. 2—1999。

（三）钢丝钳

钢丝钳（QB/T 2442. 1—1999）又称夹扭剪切两用钳，分柄部带塑料套与不带塑料套两种，如图2－15所示 。

用途：用夹持或弯折金属薄片、细圆柱形件，切断细金属丝，带绝缘柄的供有电的场合使用（工作电压500V）。

规格：以钳全长（mm）表示，有160、180、200等。

产品的标记由产品名称、规格和标准号组成。例如：160mm 的钢丝钳标记为钢丝钳 160mm QB/T 2442.1—1999。

（四）弯嘴钳

弯嘴钳手柄分为带塑料套与不带塑料套两种，如图 2-16 所示。

用途：用在狭窄或凹陷下的工作空间中夹持零件。

规格：以钳全长（mm）表示，有 125、140、160、180、200 等。

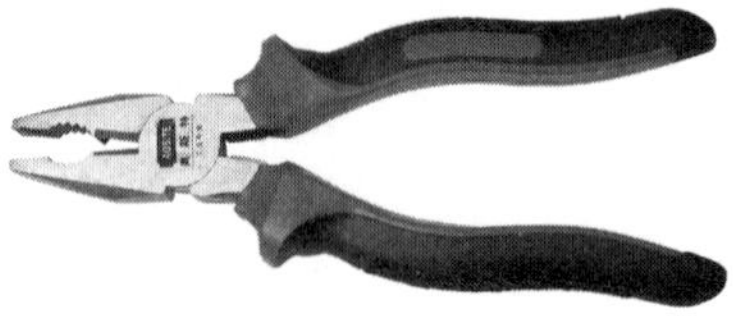

图 2-15 钢丝钳

图 2-16 弯嘴钳

（五）挡圈钳（或卡簧钳）

挡圈钳（JB/T 3411.47—1999）分轴用挡圈钳和孔用挡圈钳。为便于安装在各种位置中挡圈的拆卸，这两种挡圈钳又分为直嘴式和弯嘴式两种，如图 2-17 所示。

用途：专门用于装拆弹性挡圈，如图 2-18 所示。

规格：以钳全长（mm）表示，有 125、175、225 等。

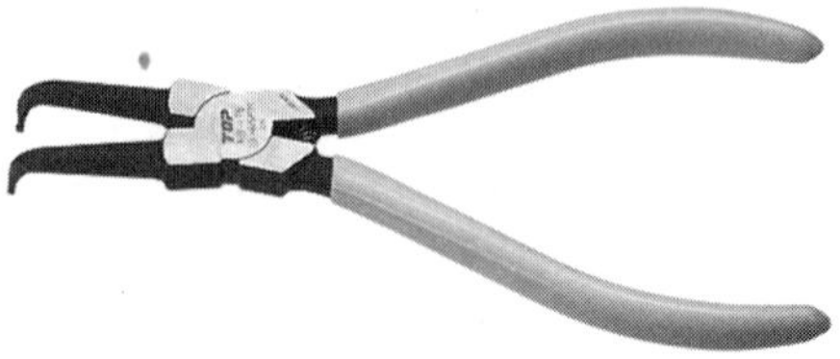

图 2-17 挡圈钳

图 2-18 挡圈钳的使用

（六）管子钳

管子钳（QB/T 3858—1999）分为 I 型、Ⅱ型（铸柄）、Ⅲ型（锻柄）、Ⅳ型（铝合金柄）、V 型五个型号。按承载能力分为重级（用 Z 表示）、普通级（用 P 表示）和轻级（用 Q 表示）三个等级，如图 2-19 所示。

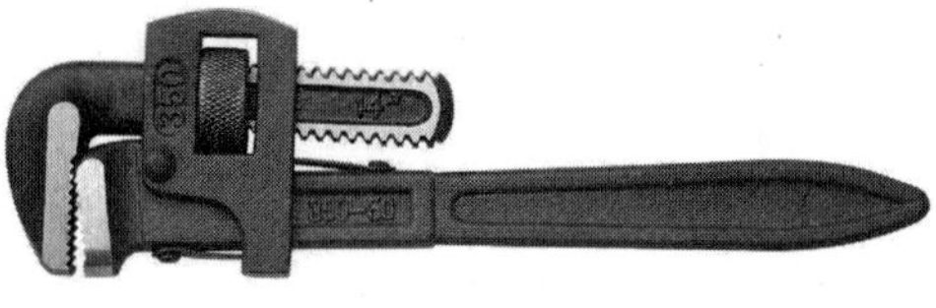

图 2-19 管子钳

用途：用于紧固或拆卸金属管和其他圆柱形零件，为管路安装和修理工作常用工具。

规格：以钳全长（mm）表示，有 150（最大夹持管径 20）、200（最大夹持管径 25）、

250（最大夹持管径 30）。

四、拉拔器

（一）三爪拉拔器

三爪拉拔器（JB 3461—1983）如图 2－20 所示。

用途：用于轴系零部件的拆卸，如轮、盘或轴承等类零部件，如图 2－21 所示。

规格：三爪拉拔器直径（mm）有 160、300。

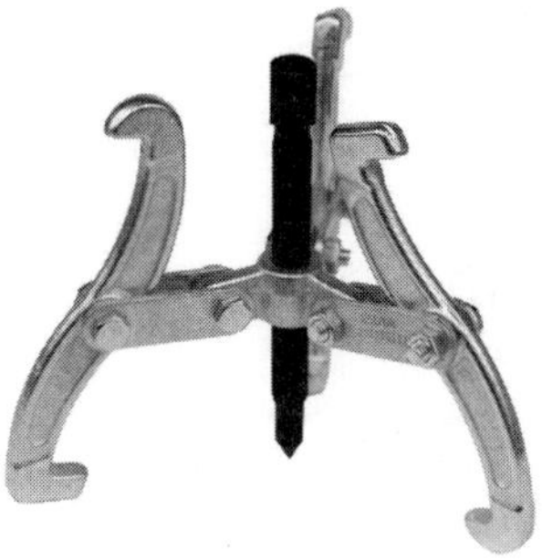

图 2－20　三爪拉拔器

图 2－21　三爪拉拔器的使用

（二）两爪拉拔器

两爪拉拔器（JB 3460—1983）如图 2－22 所示。

用途：在拆卸、装配、维修工作中，用以拆卸轴上的轴承、轮盘等零件见图 2－23，还可以用来拆卸非圆形零件。

规格：以爪臂长（mm）表示，有 160、250、380。

图 2－22　两爪拉拔器

图 2－23　两爪拉拔器的使用

五、其他拆卸工具

除了上述介绍的拆卸工具之外，常用的还有铜冲、铜棒（见图 2－24），木槌、橡胶锤、铁锤（见图 2－25）。

图 2－24　铜冲和铜棒

图 2－25　木槌、橡胶锤和铁锤

第二节　常用量具及使用方法

在零部件测绘中，常用的测量工具有钢直尺、内（外）卡钳、塞尺、游标卡尺、千分尺、螺纹规、圆角规等。只有熟悉上述量具的种类、用途和使用方法，才能很好地完成测量任务。

一、测量器具的基本知识

（一）测量器具的常用术语

1. 刻度间距

在测量器具的刻度尺上，相邻两条刻度线之间的距离称为刻度间距，也称为刻度间隔。如图 2－26 所示，游标卡尺尺身上相邻两条刻度线之间的距离为 1mm，则尺身的刻度间距为 1mm。

2. 分度值

在测量器具的刻度标尺上，最小格所代表的被测尺寸的数值称为分度值。如图 2－26 所示，游标卡尺的游标每一小格刻度代表的被测尺寸为 0.1mm，则该卡尺的分度值为 0.1mm。

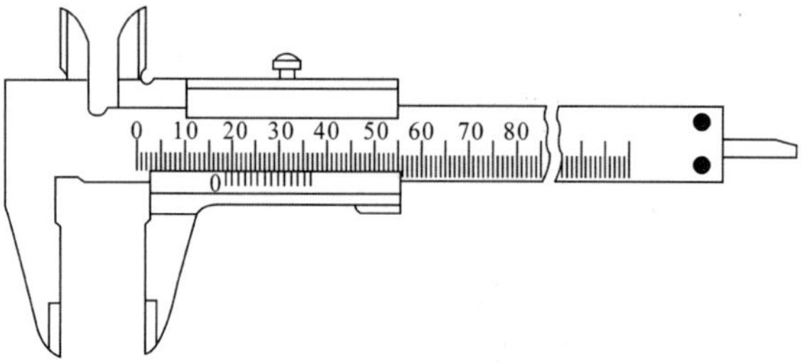

图 2－26　测量器具刻度间距、分度值

3. 示值范围

测量器具所指示的起值到终值的范围称为示值范围。

4. 测量范围

测量器具所能测量的最小尺寸与最大尺寸之间的范围称为测量范围。应注意示值范围与测量范围的区别。

5. 示值误差

测量器具指示的测量值与被测值的实际数值之差，称为示值误差。它是由测量器本身的各种误差所引起的。该误差的大小可以通过测量器具的检定来得到。

6. 修正值（校正值）

当测量器具的示值误差为已知后，用测量值减去（当示值误差为正值时）或加上（当示值误差为负值时）该误差值，便可得到被测量的实际值。

（二）测量误差的来源和分类

1. 测量误差的来源

测量误差的来源是多方面的，主要包括以下几点：

（1）标准件误差。对于长度测量器具而言，校准用的量块等器具即为标准件，它们自身的误差将影响被校量具的准确度。

（2）测量方法误差。由于测量方法和被测工件安装方式的不同所引起的误差，或者因量具或被测工件的位置不正确而产生的误差，称为测量方法误差。为了减小因定位而造成的测量方法误差，在测量中应遵守基准面统一的原则。

（3）测量器具误差。造成测量器具误差的因素较多，主要有测量器具的工作原理、结构、制造和调整的水平、测量时操作人员的调整与操作技术水平等。在接触测量时，测量力的大小也会造成一定的误差。因此，一方面要保持一定的测量力，使测量时所施加的测量力尽可能相等；另一方面要求事先对“0”位。

（4）环境条件引起的误差。测量时的环境条件，如环境温度、湿度、大气压力、空气的清洁度、振动等因素引起的测量误差即为环境条件引起的误差。在一般测量中，温度变化引起的误差占主要地位。

（5）测量人员引起的误差。测量人员引起的误差主要来自责任心、技术水平、熟练程度，其次是操作人员眼睛的调节能力、分辨能力、操作习惯等。

2. 测量误差的分类

测量误差主要有系统误差、随机误差、粗大误差三种。

（1）系统误差。系统误差又称为规律误差，是在一定的测量条件下，对同一个被测量尺寸进行多次重复测量时，误差值的大小和符号（正值或负值）保持不变，或者在条件变化时，按一定规律变化的误差。系统误差可以通过试验分析或计算加以确定，若能在测量结果中进行相应的修正，可以减小或消除该误差。

（2）随机误差。随机误差又称为偶然误差，是在相同的测量条件下，对同一个被测量尺寸进行多次重复测量时，误差值的大小和符号要发生变化，但没有一定变化规律的误差。随机误差不能通过试验分析或计算加以确定，也不能用修正的方法加以消除，只能用增加重复测量次数的方法来减小它对测量结果的影响。

（3）粗大误差。粗大误差又称为寄生误差，是指对测量结果发生明显歪曲的一些误差。产生此误差的原因往往是主观因素，包括使用有缺陷的量具，操作时粗心大意，读数、记录、计算的错误等，这些误差又称为疏忽误差。只要发现有粗大误差存在，就应该将此测量数值废弃不用。

二、钢直尺、内（外）卡钳及塞尺

（一）钢直尺

钢直尺是最简单的长度量具，它的长度有 150mm、300mm、500mm、1 000mm 四种规格。如图 2－27 所示，为常用的 150mm 钢直尺。

图 2－27　150mm 钢直尺

钢直尺用于测量零件的线性尺寸，如图 2－28 所示。但是，它的测量结果并不太准确。这是由于钢直尺的刻线间距为 1mm，而刻线本身的宽度就有 0.1～0.2mm，所以测量时读数误差比较大，只能读出毫米数，即最小读数值为 1mm，而比 1mm 小的数值，只能估计而得。

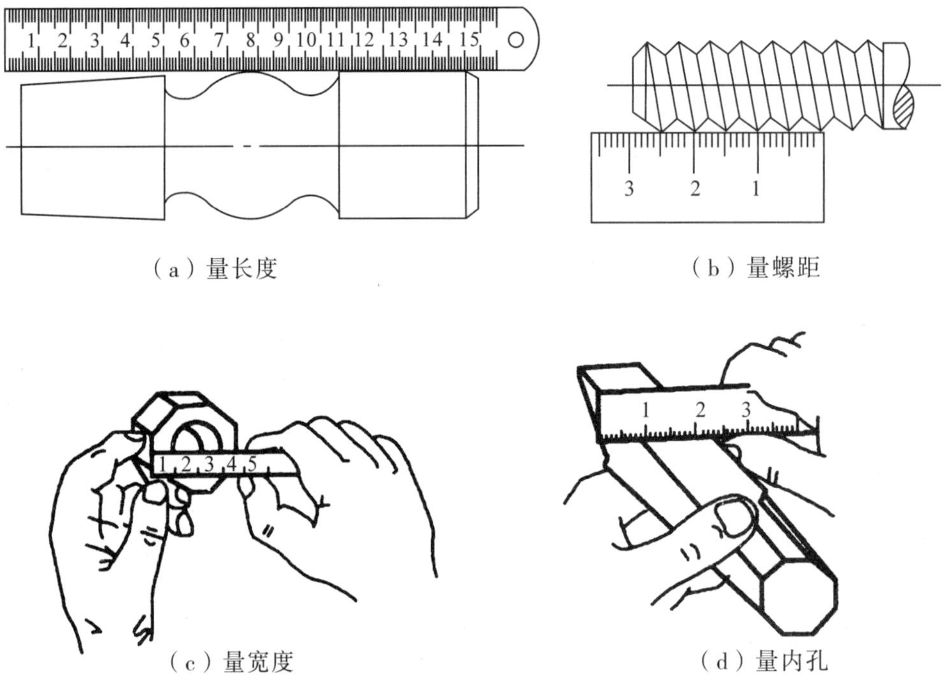

（a）量长度　（b）量螺距

（c）量宽度　（d）量内孔

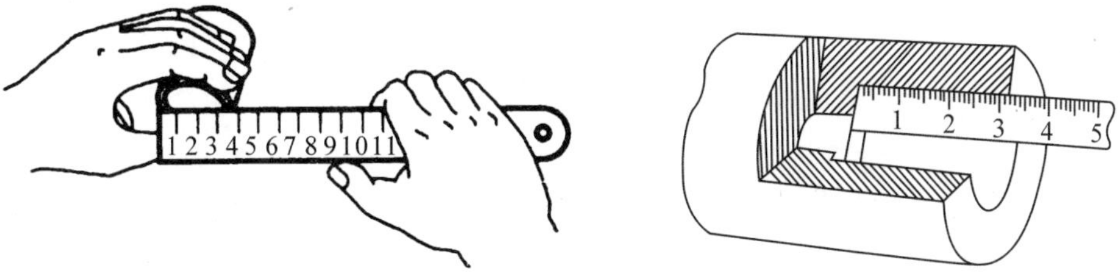

（e）量直径　　　　（f）量深度

图 2－28　钢直尺的使用方法

如果用钢直尺直接测量零件的直径尺寸（轴径或孔径），测量精度更低。这是由于除了钢直尺本身的读数误差比较大以外，无法将钢直尺正好放在零件直径的正确测量位置。所以，零件直径尺寸的测量一般不直接使用钢直尺。

（二）内（外）卡钳

如图 2－29 所示，为常见的两种内（外）卡钳。内（外）卡钳是最简单的比较量具。内卡钳用来测量内径和凹槽的长度，外卡钳用来测量外径和平面的长度。它们本身都不能直接读出测量结果，而是把测量得到的长度尺寸（直径也属于长度尺寸）放在钢直尺上进行读数。

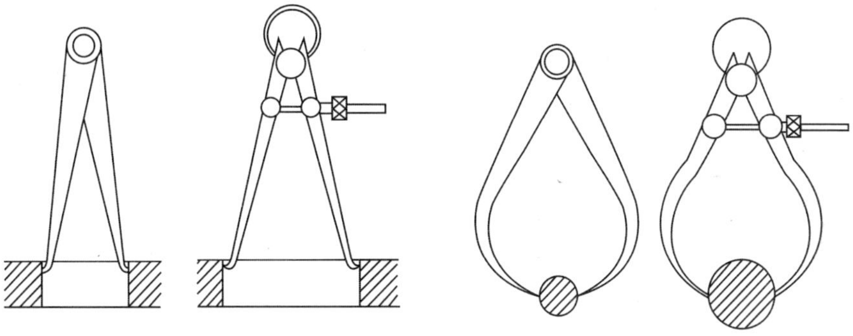

（a）内卡钳　　　　（b）外卡钳

图 2－29　内（外）卡钳

1. 卡钳开度的调节

钳口形状对卡钳测量的精确性影响很大，应经常对其进行修整。在测量前首先要检查钳口的形状，如图 2－30 所示，为卡钳钳口形状对比。调节卡钳的开度时，先将卡钳调整到和工件尺寸相近的开度，然后轻敲卡钳的外侧来减小卡钳的开口，或轻敲卡钳内侧来增大卡钳的开口，如图 2－31 所示。但是不能直接敲击卡钳的钳口，这会导致钳口损伤，进而引起测量误差。

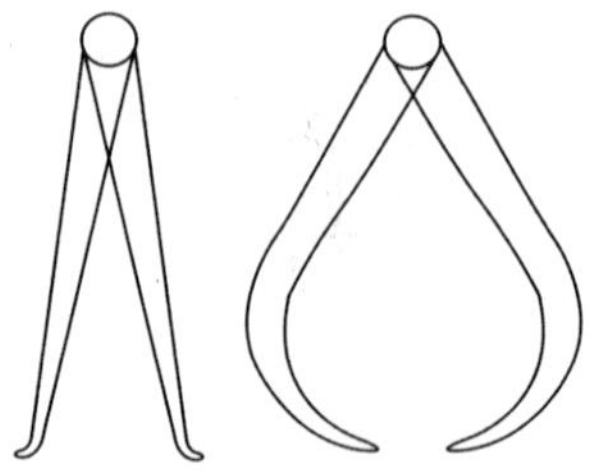

图2－30　卡钳钳口形状对比

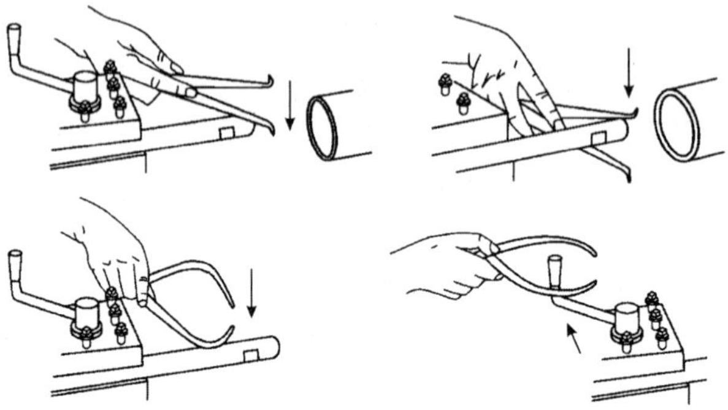

图2－31　卡钳开度的调节

2. 内卡钳的使用

用内卡钳测量内径，应使两个钳脚的测量面连线正好垂直相交于内孔的轴线上，即钳脚的两个测量面应是内孔直径的两个端点。因此，测量时应将一个钳脚测量面停留在孔壁上作为支点，另一个钳脚由孔口略往里面一些并逐渐向外试探，并沿孔壁圆周方向摆动，当沿孔壁圆周方向能摆动的距离为最小时，表示内卡钳钳脚的两个测量面已处于内孔直径的两个端点上了。如图2－32所示。

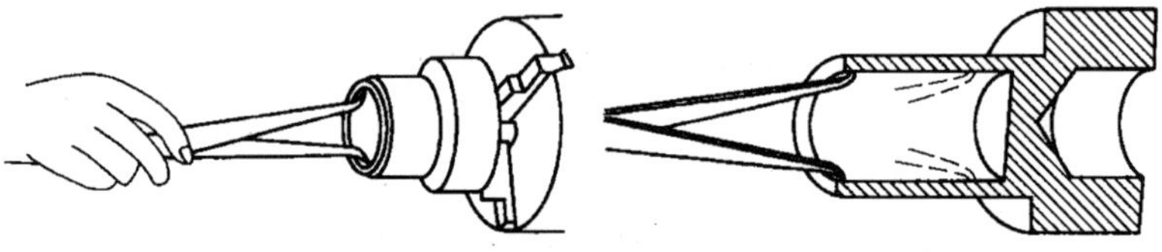

图2－32　内卡钳的使用

使用内卡钳时不要用手握住卡钳进行测量，如图2－33所示，这样难以比较内卡钳在零件孔内的松紧程度，且易使卡钳变形而产生测量误差。

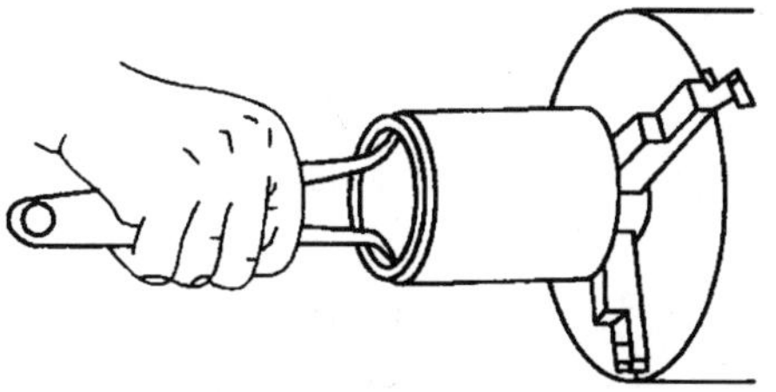

图 2－33 内卡钳使用的错误方法

3. 外卡钳的使用

用外卡钳测量长度尺寸后，在钢直尺上读取尺寸数值时，其中一个钳脚的测量面应靠在钢直尺的端面上，另一个钳脚的测量面对准所需尺寸刻线，且两个测量面的连线应与钢直尺平行，人的视线要垂直于钢直尺，如图 2－34 所示。

用外卡钳测量外径尺寸，应使两个测量面的连线垂直于零件的轴线。靠外卡钳的自重滑过零件外圆时，我们手中的感觉应该是外卡钳与零件外圆正好是点接触，此时外卡钳两个测量面之间的距离，就是被测零件的外径。当外卡钳滑过外圆时，若手中没有接触感，则说明外卡钳比零件外径尺寸大；当依靠外卡钳的自重不能滑过零件外圆时，就说明外卡钳比零件外径尺寸小。因此，用外卡钳测量外径，就是比较外卡钳与零件外圆接触的松紧程度，以卡钳的自重能刚好滑下为合适。切不可将外卡钳歪斜地放在工件上进行测量，这样会加大测量的误差。

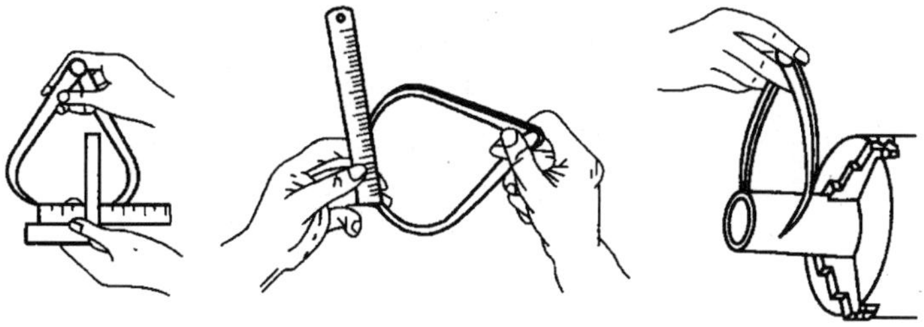

图 2－34 外卡钳的使用

4. 卡钳的适用范围

卡钳是一种简单的量具，由于它具有结构简单、制造方便、价格低廉、维护和使用方便等特点，广泛应用于要求不高的零件尺寸的测量和检验，尤其是对锻铸件毛坯尺寸的测量和检验，卡钳是最合适的测量工具。

卡钳虽然结构简单，但是若熟练掌握使用要领也可获得较高的测量精度。例如，用外卡钳比较两根轴的直径大小时，即使轴径只相差 0.01mm，有经验的老师傅也能分辨得出。

（三）塞尺

塞尺又称厚薄规或间隙片，主要用来检验机床紧固面与紧固面、活塞与气缸、活塞环槽与活塞环、十字头滑板与导板等两个结合面之间的间隙大小。

塞尺是由许多层厚薄不等的薄钢片组成的，一般称为“把”，每把塞尺有 13、14、17、20、21 片不等，如图 2－35 所示。每把塞尺中的各个尺片均具有两个平行的测量平面，且都有厚度标记，以供组合使用。

测量时，根据结合面间隙的大小，将一片或数片尺片重叠在一起塞进间隙内。例如，用一片 0.03mm 的尺片能插入间隙，而一片 0.04mm 的尺片不能插入，这说明间隙在 0.03～0.04mm。由此可见塞尺也是一种界限量规。塞尺的规格如表 2－1 所示。

使用塞尺时应注意用力适当，方向合适，不可强行将较厚的塞尺塞入较小的间隙中，以免塞尺弯曲甚至折断。根据结合面间隙情况，选用塞尺的片数愈少愈好。同时，不能用塞尺测量温度较高的工件。

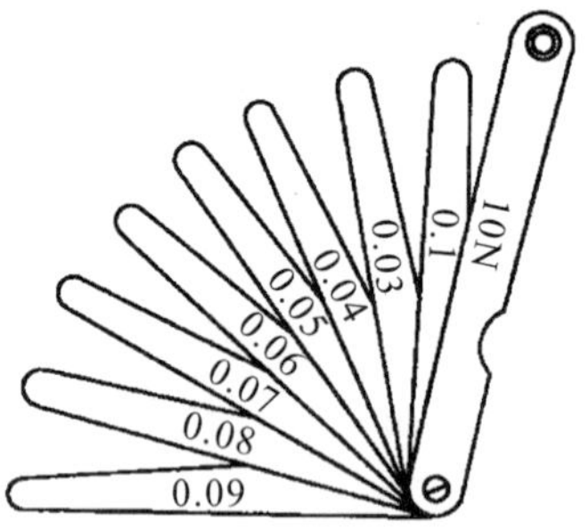

图 2－35　塞尺

表 2－1　塞尺的规格

A 型	B 型	塞尺片长度（mm）	片数	塞尺的厚度及组装顺序
组别标记				
75A13	75B13	75	13	0.02，0.02，0.03，0.03，0.04，0.04，0.05，0.05，0.06，0.07，0.08，0.09，0.10
100A13	100B13	100		
150A13	150B13	150		
200A13	200B13	200		
300A13	300B13	300		
75A14	75B14	75	14	1.00，0.05，0.06，0.07，0.08，0.09，0.10，0.15，0.20，0.25，0.30，0.40，0.50，0.75
100A14	100B14	100		
150A14	150B14	150		
200A14	200B14	200		
300A14	300B14	300		
75A17	75B17	75	17	0.50，0.02，0.03，0.04，0.05，0.06，0.07，0.08，0.09，0.10，0.15，0.20，0.25，0.30，0.35，0.40，0.45
100A17	100B17	100		
150A17	150B17	150		
200A17	200B17	200		
300A17	300B17	300		

塞尺片越薄，精度也越高，所以应该特别注意日常保护，每次使用后，应用干净的棉布等把尺片擦干净，不要把尺片放置在有油污，特别是有腐蚀性化学物质的地方。如发现尺片局部有锈蚀，应立即清除，腐蚀较严重的尺片不能使用。

三、游标卡尺

游标卡尺是测量机械尺寸的通用工具，具有结构简单、使用方便、精度中等、测量范围大等特点，常用来测量零部件的外径、内径、长度、宽度、厚度、高度、深度，以及齿轮的齿厚等，应用范围非常广泛。

（一）游标卡尺的种类及结构形式

1. 游标卡尺的种类及结构形式

游标卡尺分为读格式游标卡尺、带表式游标卡尺和电子数显示游标卡尺三大类，如图 2－36 所示。

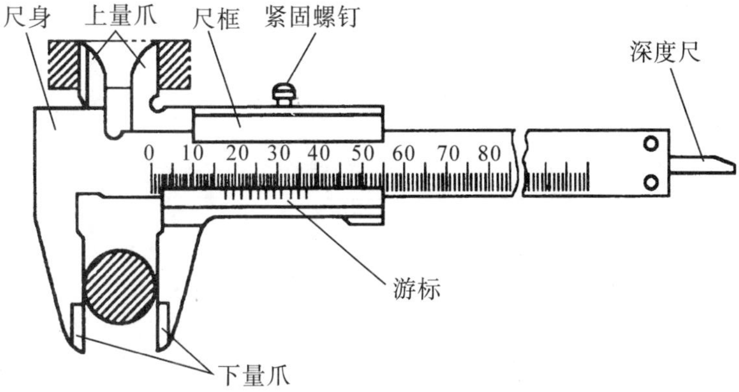

（a）读格式游标卡尺

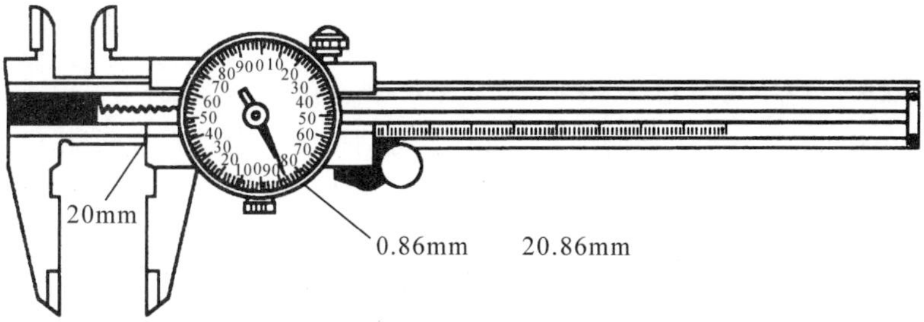

（b）带表式游标卡尺

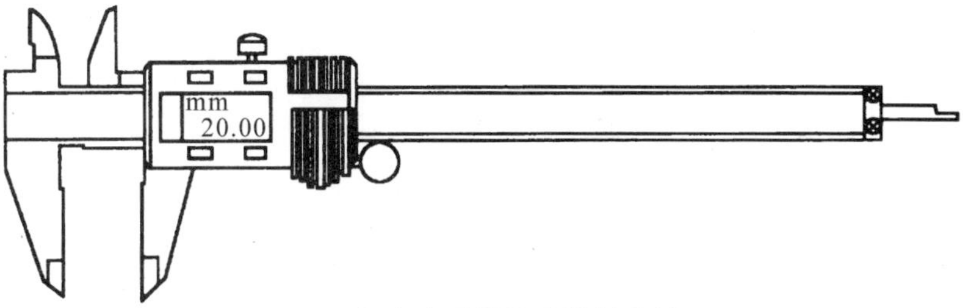

（c）电子数显示游标卡尺

图 2－36　游标卡尺

2. 游标卡尺的组成

现以读格式游标卡尺为例，说明其组成情况。

（1）具有固定量爪的尺身。尺身上有类似钢尺一样的主尺刻度，主尺上的刻线间距为 1mm。主尺的长度决定游标卡尺的测量范围。

（2）具有活动的尺框。尺框上有游标，游标卡尺的游标读数值可制成 0.1mm、

0.05mm 和 0.02mm 三种。游标读数值，就是指使用这种游标卡尺测量零部件尺寸时，卡尺上能够读出的最小数值。

（3）在 0～125mm 的游标卡尺上，还带有测量深度的深度尺。深度尺固定在尺框的背面，能随着尺框在尺身的导向凹槽中移动。测量深度时，应把尺身尾部的端面靠紧在零部件的测量基准平面上。

（4）使用游标卡尺时，先拧松紧固螺钉，移动尺框，此时用力应均匀，动作慢一点，上量爪和下量爪就能随着尺框前进或后退，当量爪与被测物体接触良好、拧紧紧固螺钉之后，再进行读数。

目前，我国生产的读格式游标卡尺的测量范围及其游标读数值如表 2－2 所示。

表 2－2　读格式游标卡尺的测量范围及其游标读数值　　单位：mm

测量范围	游标读数值	测量范围	游标读数值
0～25	0.02，0.05，0.10	300～800	0.05，0.10
0～200	0.02，0.05，0.10	400～1 000	0.05，0.10
0～300	0.02，0.05，0.10	600～1 500	0.05，0.10
0～500	0.05，0.10	800～2 000	0.10

（二）游标卡尺的使用方法

游标卡尺使用得是否合理，不但影响量具本身的精度，而且直接影响零件尺寸的测量精度。所以，我们必须重视游标卡尺的正确使用，对测量技术精益求精，务求获得正确的测量结果，确保产品质量。

1. 对外观和相关部件的检查

在使用卡尺之前，必须仔细地检查其外观和相关部件是否符合要求，检查项目应达到如下要求：

（1）卡尺的刻度线和数字应清晰。

（2）不应有锈蚀、磕碰、断裂、划伤和其他影响使用性能的缺陷。

（3）用手轻轻拉或推尺框，尺框在尺身上的移动应平稳，活动要自如，不应有阻滞或松动现象，更不能发生晃动。用紧固螺钉固定尺框时，卡尺的读数不应有所改变。在移动尺框时，不要忘记松开紧固螺钉，但不宜过松，以免脱落。

2. 校对“0”位

正式测量前，必须校对卡尺的“0”位是否准确。用手推动尺框，使外测量爪两测量面紧密接触后，观察游标卡尺上的“0”刻度线是否与主尺上的“0”刻度线对齐，游标卡尺上的尾刻线度（最末一根刻度线）是否与主尺的相应刻度线对齐，如图 2－37 所示。若上述两处都对齐，说明“0”位准确，否则说明“0”位不准确。“0”位不准确的游标卡尺不允许使用。

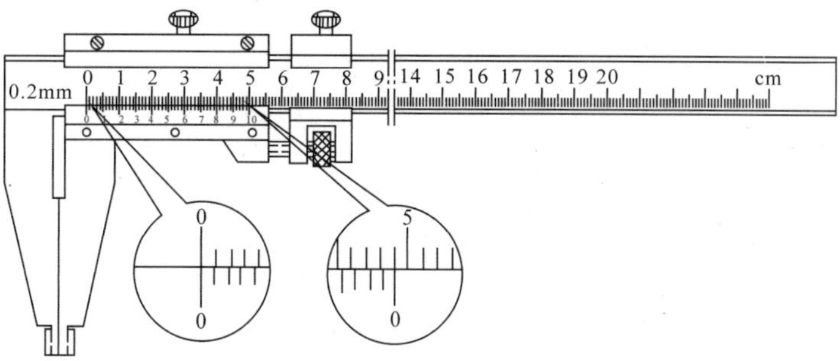

图 2－37　游标卡尺校对“0”位

3. 游标卡尺的使用方法

（1）无论是测量零件上的外部尺寸还是内部尺寸，只要测量条件允许，都不要只使用量爪的部分测量面进行测量，否则不仅会加速量爪的磨损，还会产生较大的测量误差，如图 2－38（a）、（b）所示。

测量外尺寸（特别是外径尺寸）时，应先将两个外测爪之间的距离调整至大于被测尺寸，待推入被测部位后再轻轻推尺框，使两个外爪面接触到测量面，如图 2－38（c）所示。

测量内尺寸（特别是内径尺寸）时，应先将两个内测爪之间的距离调整至小丁被测尺寸，待推入被测部位后再轻轻拉尺框，使两个内爪面接触到测量面，如图 2－38（d）所示。

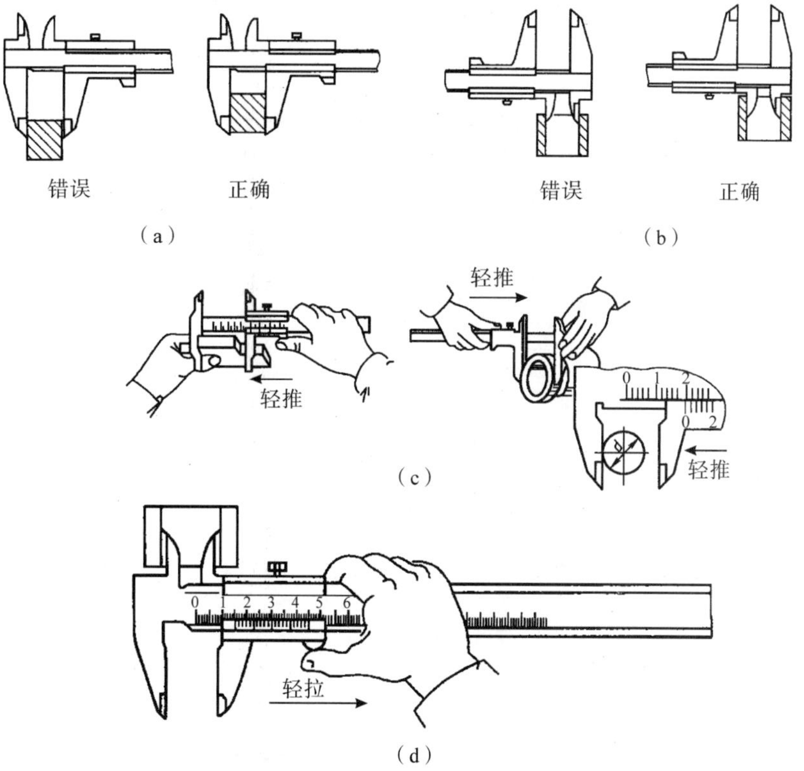

图 2－38　游标卡尺的使用方法

（2）当测量零件的外部尺寸时，游标卡尺两测量面的连线应垂直于被测量表面，不能歪斜。测量时，可以轻轻摇动卡尺，放正垂直位置，如图 2－39（a）所示。否则，量爪若在如图 2－39（b）所示的错误位置上，将使得测量结果比实际尺寸大。绝不可把卡尺的两个量爪调节到接近甚至小于被测尺寸的位置，再强制卡到零件上。这样做会使量爪变形、测量面过早磨损，进而使卡尺失去应有的精度。

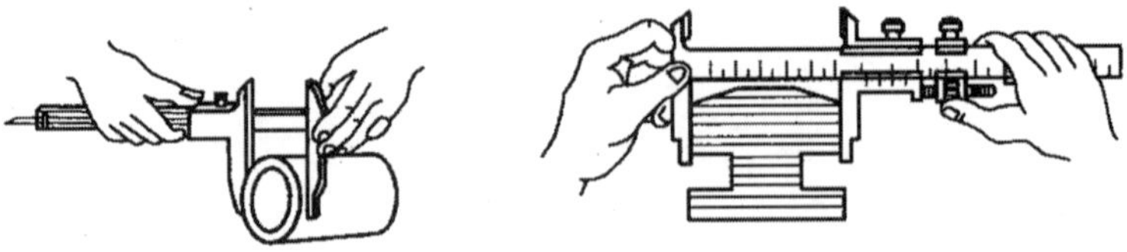

（a）正确

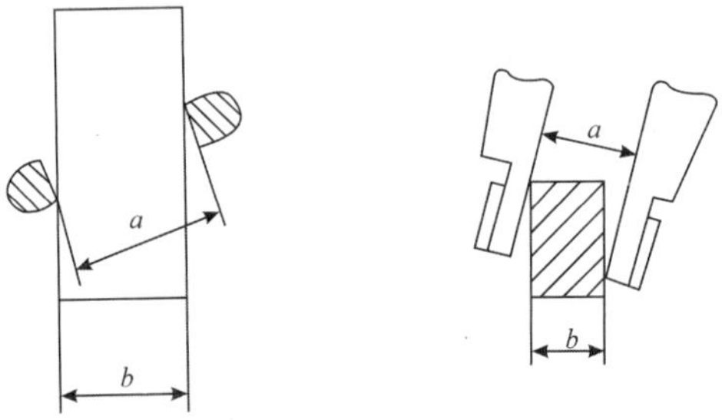

（b）错误

图 2－39　测量外尺寸时正确与错误的位置

（3）测量沟槽时，应当用量爪的平面测量刃进行测量，尽量避免用端部测量刃和刀口形量爪去测量外尺寸。

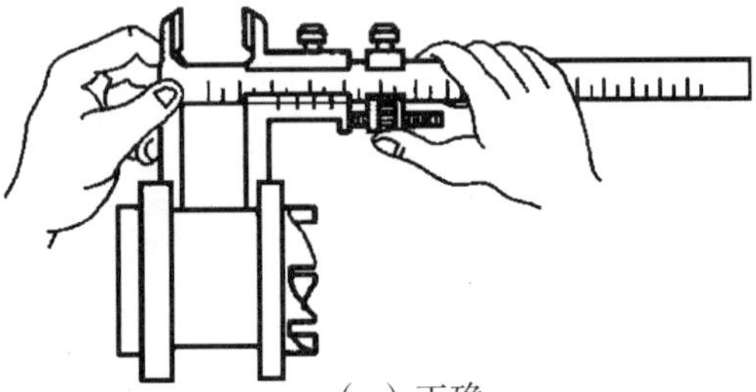

（a）正确

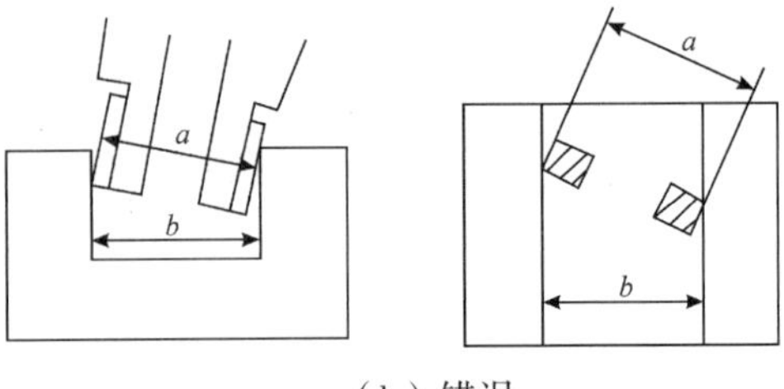

（b）错误

图 2－40　测量沟槽宽度时正确与错误的位置

测量沟槽宽度时，也要放正游标卡尺的位置。应使卡尺两测量刃的连线垂直于沟槽，不能歪斜，否则，量爪若在如图 2－40（b）所示的错误位置上，会使测量结果不准确。

（4）当测量零件的内部尺寸时，要使两量爪分开的距离小于被测内部尺寸，量爪进入零件内孔后，再慢慢张开并轻触零件内表面，用紧固螺钉固定尺框后，轻轻取出卡尺读数，如图 2－41 所示。取出量爪时，用力要均匀，并使卡尺沿着孔的中心线方向滑出，不可歪斜，避免使量爪变形和受到不必要的磨损，同时要避免尺框移动而影响测量精度。

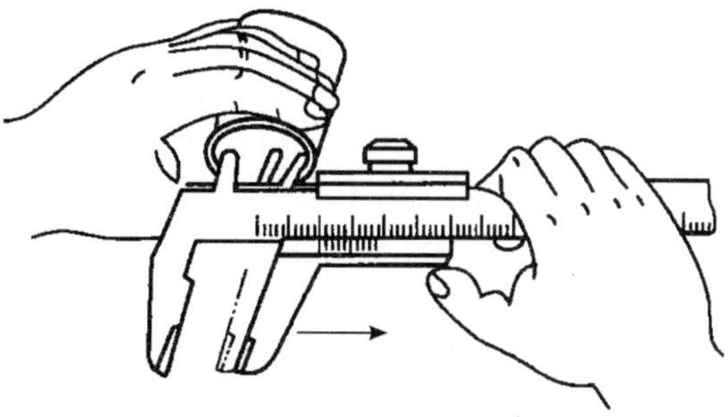

图 2－41　内孔的测量方法

卡尺两测量刃应在孔的直径上，不能偏歪。如图 2－42 所示，为带有刀口形量爪和带有圆柱面形量爪的游标卡尺在测量内孔时正确和错误的位置。当量爪在错误位置时，其测量结果将比实际孔径 d 要小。

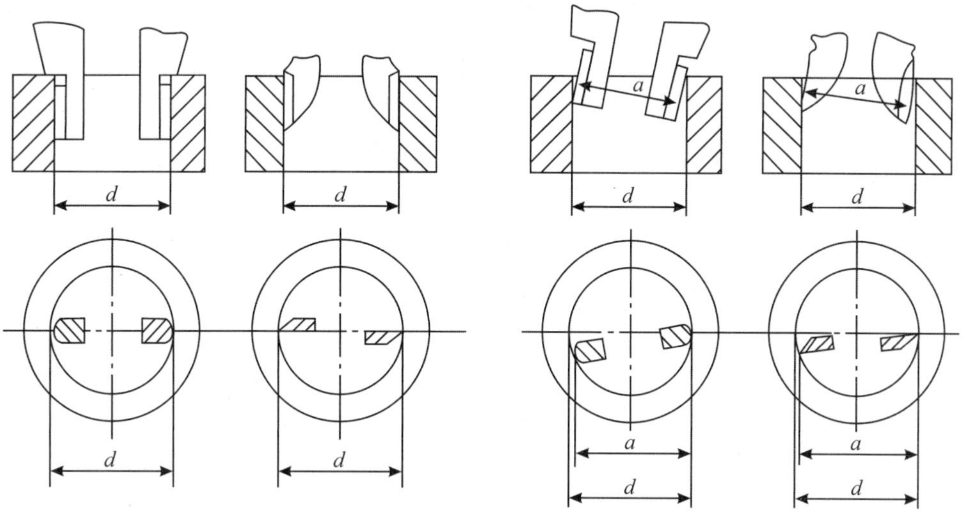

图 2－42　测量内孔时正确和错误的位置

（5）用游标卡尺测量零件尺寸时，不允许过分施加压力，所用压力应使两个量爪刚好接触零件表面。如果测量压力过大，量爪不但会发生弯曲或磨损，且会产生弹性变形，使测量的尺寸不准确，其外部尺寸小于实际尺寸，内部尺寸大于实际尺寸。

在读数时，应手持卡尺保持水平，朝着光亮的方向，视线尽可能与卡尺的刻线表面垂直，以免由于视线的歪斜造成读数误差。

（6）为了获得正确的测量结果，可以多测量几次。即在零件同一截面上的不同方向进行测量。对于较长的零件，则应在全长的各个部位进行测量，务求获得一个比较正确的测量结果。

（三）读格式游标卡尺的读数原理和读数方法

读格式游标卡尺的读数机构由主尺和游标两部分组成。当活动量爪与固定量爪贴合时，游标上的“0”刻线对准主尺上的“0”刻线，此时量爪间的距离为“0”。

当尺框向右移动到某一位置时，固定量爪与活动量爪之间的距离，就是零件的测量尺寸。此时零件尺寸的整数部分，可在游标“0”刻线左边的主尺刻线上读出，而比1mm小的小数部分，可借助游标读数机构来读出。下面介绍三种游标卡尺的读数原理和读数方法。

1. 游标读数值为0.1mm的游标卡尺

如图2－43（a）所示，主尺刻线间距（每格）为1mm，当游标上的“0”刻线与主尺上的“0”刻线对准（两爪合并）时，游标上的第10刻线正好指向主尺上的9mm处，而游标上的其他刻线都不会与主尺上任何一条刻线对准。

$$\text{游标每格间距} = 9mm/10 = 0.9mm$$
$$\text{主尺每格间距与游标每格间距之差} = 1mm - 0.9mm = 0.1mm$$

0.1mm即为此游标卡尺上游标所读出的最小数值。

当游标向右移动0.1mm时，游标上“0”刻线后的第1根刻线与主尺刻线对准；当游标向右移动0.2mm时，则游标上“0”刻线后的第2根刻线与主尺刻线对准，以此类推。若游标向右移动0.5mm，如图2－43（b）所示，则游标上的第5根刻线与主尺刻线对准。由此可知，游标向右移动不足1mm的距离，虽不能直接从主尺读出，但可以由当游标的某根刻线与主尺刻线对准时，将该游标刻线的次序数与读数值的乘积作为其小数值。

如图2－43（b）所示的尺寸为5×0.1mm＝0.5mm。另有一种读数值为0.1mm的游标卡尺，如表2－3图（a）所示。这种游标卡尺是将游标上的10格对准主尺的19mm，则游标每格间距＝19mm/10＝1.9mm，使主尺2格与游标1格之差＝2mm－1.9mm＝0.1mm。这种增大游标间距的方法，其读数原理并未改变，但游标刻线清晰，更便于读数。

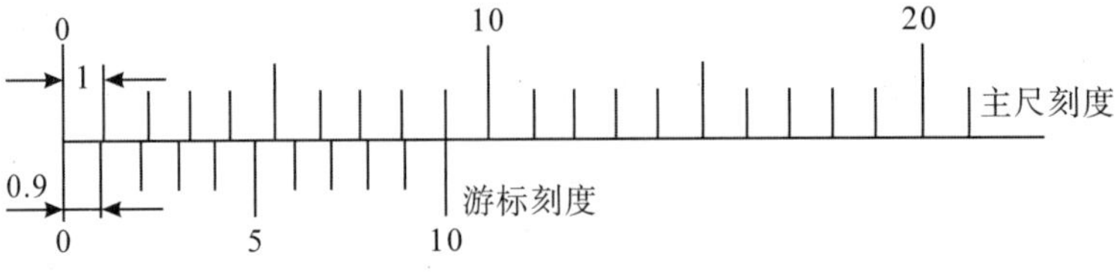

（a）

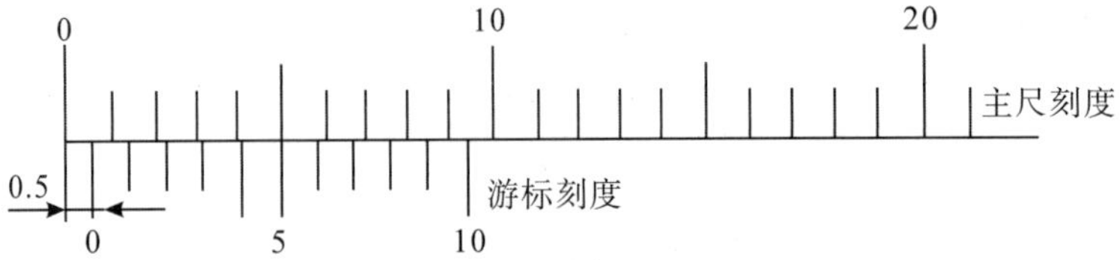

（b）

图2－43　游标读数原理

在游标卡尺上读数时，首先要看游标“0”刻线的左边，读出主尺上尺寸的整数；其次是找出游标上第几根刻线与主尺刻线对准，该游标刻线的次序数乘其游标读数值，读出尺寸的小数，整数和小数相加的总值，就是被测零件尺寸的数值。

如表 2－3 图（b）所示，游标“0”刻线在 2mm 与 3mm 之间，其左边的主尺刻线是 2mm，所以被测尺寸的整数部分是 2mm。再观察游标刻线，这时游标上的第 3 根刻线与主尺刻线对准。所以，被测尺寸的小数部分为 3 × 0.1mm = 0.3mm，被测尺寸为 2mm + 0.3mm = 2.3mm。

2. 游标读数值为 0.05mm 的游标卡尺

如表 2－3 图（c）所示，主尺每小格为 1mm，当两爪合并时，游标上的 20 格刚好等于主尺的 39mm，则游标每格间距 = 39mm/20 = 1.95mm。主尺 2 格间距与游标 1 格间距之差 = 2mm － 1.95mm = 0.05mm，0.05mm 为此种游标卡尺的最小读数值。同理，也有用游标上的 20 格刚好等于主尺上的 19mm 的，其读数原理不变。

如表 2－3 图（d）所示，游标“0”刻线在 32mm 与 33mm 之间，游标上的第 11 格刻线与主尺刻线对准。所以，被测尺寸的整数部分为 32mm，小数部分为 11 × 0.05mm = 0.55mm，被测尺寸为 32mm + 0.55mm = 32.55mm。

表 2－3　游标“0”位和读数举例

游标“0”位	读数举例
(a) 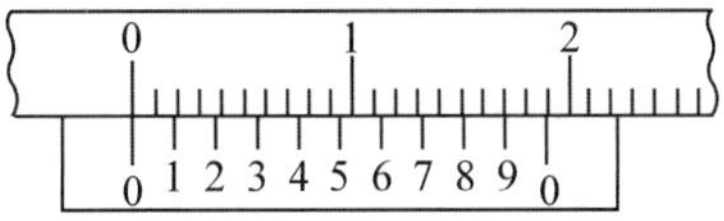	(b) 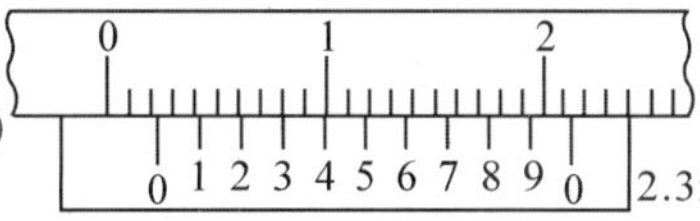 2.3mm
(c) 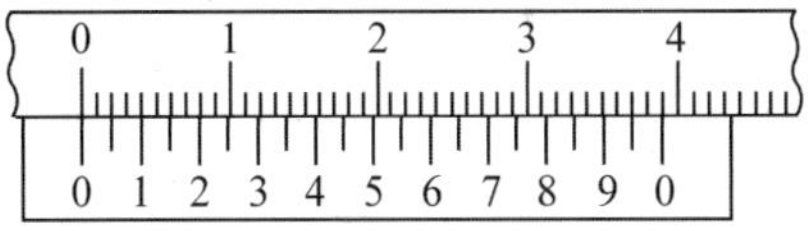	(d) 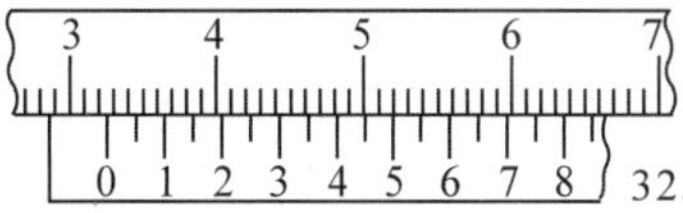 32.55mm
(e) 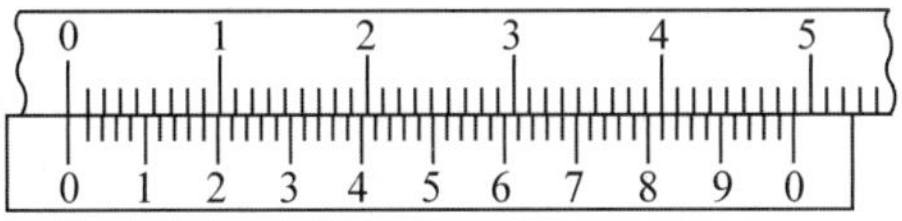	(f) 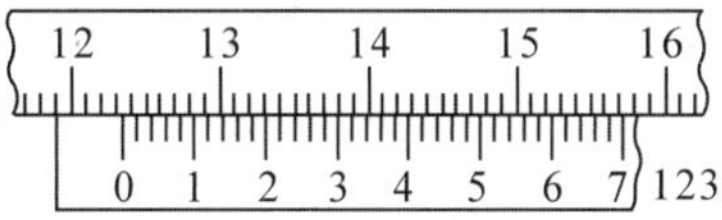 123.22mm

3. 游标读数值为 0.02mm 的游标卡尺

如表 2－3 图（e）所示，主尺每小格为 1mm，当两爪合并时，游标上的 50 格刚好等于主尺上的 49mm，则游标每格间距 = 49mm/50 = 0.98mm。主尺每格间距与游标每格间距之差 = 1mm － 0.98mm = 0.02mm，0.02mm 为此种游标卡尺的最小读数值。

如表 2－3 图（f）所示，游标“0”刻线在 123mm 与 124mm 之间，游标上的 11 格刻线与主尺刻线对准。所以，被测尺寸的整数部分为 123mm，小数部分为 11 × 0.02 = 0.22mm，被测尺寸为 123mm + 0.22mm = 123.22mm。

（四）游标卡尺的测量精度

测量或检验零件尺寸时，要按照零件尺寸的精度要求，选用相适应的量具。游标卡尺是一种中等精度的量具，它只适用于中等精度尺寸的测量或检验。用游标卡尺测量精度要求不高的锻铸件毛坯或精度要求很高的零件尺寸，都是不合适的。前者容易损坏量具，后者测量精度达不到要求。任何量具都有一定的示值误差，游标卡尺的示值误差如表 2－4 所示。

表 2－4　游标卡尺的示值误差　　单位：mm

游标读数值	示值总误差
0.02	±0.02
0.05	±0.05
0.10	±0.10

游标卡尺的示值误差是由游标卡尺本身的制造精度决定的，与使用方法的正确与否无关。例如，用游标读数值为 0.02mm 的 0～125mm 的游标卡尺（示值误差为 ±0.02mm）测量 ϕ50mm 的轴时，若游标卡尺上的读数为 50.00mm，实际直径可能是 ϕ50.02mm，也可能是 ϕ49.98mm。这不是使用方法的问题，而是游标卡尺本身制造精度所允许产生的误差。因此，若该轴的直径尺寸是 IT5 级精度的基准轴 $\phi 50_{-0.025}^{\ 0}$，则轴的制造公差为 0.025mm，而游标卡尺本身就有着 ±0.02mm 的示值误差，选用这样的量具去测量，显然无法保证轴径的精度要求。

如果受条件限制（如受测量位置限制）无法使用其他精密量具，必须用游标卡尺测量精密的零件尺寸时，又该怎么办呢？此时，可以用游标卡尺先测量与被测尺寸相当的块规，消除游标卡尺的示值误差（即用块规校对游标卡尺）。若要测量上述 ϕ50mm 的轴，需先测量 50mm 的块规，看游标卡尺上的读数是否为 50mm。如果不是，则与 50mm 的差值就是游标卡尺的实际示值误差，测量零件时，应把此误差作为修正值。例如，测量 50mm 块规时，游标卡尺上的读数为 49.98mm，即游标卡尺的读数比实际尺寸小 0.02mm，则测量轴径时，应在游标卡尺的读数上加上 0.02mm，才得到轴的实际直径尺寸；若测量 50mm 块规时的读数是 50.01mm，则在测量轴径时，应在读数上减去 0.01mm，才是轴的实际直径尺寸。另外，游标卡尺测量时的松紧程度（即测量压力的大小）和读数误差（即看准是哪根刻线对准），对测量精度的影响亦很大。所以，当必须用游标卡尺测量精度要求较高的尺寸时，最好采用与测量相等尺寸的块规相比较的方法。

四、螺旋测微量具

应用螺旋测微原理制成的量具，称为螺旋测微量具。其测量精度比游标卡尺高，并且比较灵活，多用于加工精度要求较高的场合。常用的螺旋读数量具有百分尺和千分尺。百分尺的读数值为 0.01mm，千分尺的读数值为 0.001mm。工厂习惯将百分尺和千分尺统称为百分尺或分厘卡，目前车间里大量使用的是读数值为 0.01mm 的百分尺。

百分尺的种类很多，机械加工车间常用的有外径百分尺、内径百分尺、深度百分尺、螺纹百分尺、公法线百分尺等，分别测量或检验零件的外径、内径、深度以及螺纹的中径、齿轮的公法线长度等。

（一）外径百分尺的结构

各种百分尺的结构大同小异，常使用的外径百分尺是用来测量或检验零件的外径、凸肩厚度及板厚、壁厚等。其中，测量孔壁厚度的百分尺，其量面呈球弧形。百分尺由尺架、测微头、测力装置、制动器等组成。如图 2－44 所示，为测量范围 0～25mm 的外径百分尺，尺架的一端装有固定测砧，另一端装有测微头。固定测砧和测微螺杆的测量面上都镶有硬质合金，可以延长测量面的使用寿命。尺架的两侧面覆盖着绝热板。使用百分尺时，手持绝热板部位，可防止人体的热量影响百分尺的测量精度。

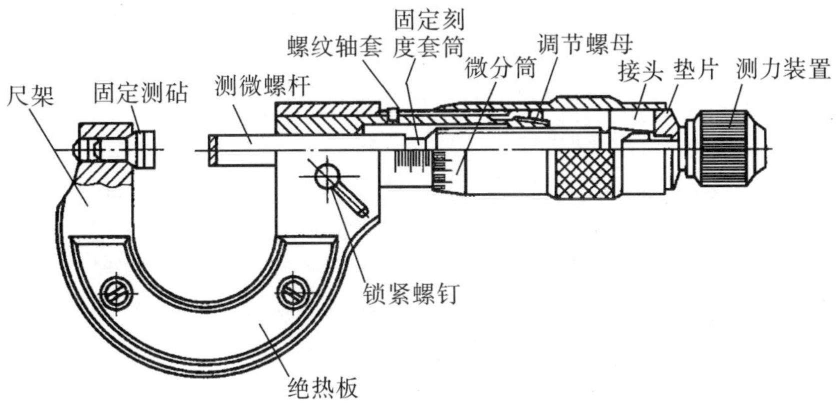

图 2－44　0～25mm 外径百分尺

1. 百分尺的测微头结构

如图 2－44 所示，测微螺杆、螺纹轴套、固定刻度套筒、微分筒、调节螺母、接头、垫片组成百分尺的测微头部分。带有刻度的固定刻度套筒用螺钉固定在螺纹轴套上，而螺纹轴套又与尺架紧密结合成一体。在固定刻度套筒的外面有一个带刻度的活动微分筒，它用锥孔通过接头的外圆锥面再与测微螺杆相连。测微螺杆的一端是测量杆，并与螺纹轴套上的内孔定心间隙配合；中间是精度很高的外螺纹，与螺纹轴套上的内螺纹精密配合，可使测微螺杆自如旋转而其间隙极小；测微螺杆另一端的外圆锥与内圆锥接头的内圆锥相配，并通过顶端的内螺纹与测力装置连接。当测力装置的外螺纹旋紧在测微螺杆的内螺纹上时，测力装置就通过垫片紧压接头，而接头上开有轴向槽，具有一定的胀缩弹性，能沿着测微螺杆上的外圆锥胀大，从而使微分筒与测微螺杆和测力装置结合成一体。当旋转测力装置时，带动测微螺杆和微分筒一起旋转，并沿着精密螺纹的螺旋线方向运动，使百分尺两个测量面之间的距离发生变化。

2. 百分尺的测量范围

百分尺测微螺杆的移动量为 25mm，所以百分尺的测量范围一般为 25mm。为了使百分尺能测量更大范围的长度尺寸，满足工业生产的需要，百分尺的尺架被做成各种尺寸，形成不同测量范围的百分尺。目前，国产百分尺测量范围的尺寸有 0～25mm，25～50mm，50～75mm，75～100mm，100～125mm，125～150mm，150～175mm，175～200mm，200～

225mm，225～250mm，250～275mm，275～300mm，300～325mm，325～350mm，350～375mm，375～400mm，400～425mm，425～450mm，450～475mm，475～500mm，500～600mm，600～700mm，700～800mm，800～900mm，900～1 000mm。

测量上限大于300mm的百分尺，也可把固定测砧做成可调式或可换的测砧，从而使此百分尺的测量范围为100mm。测量上限大于1 000mm的百分尺，也可将测量范围制成500mm。目前国产测量范围最大的百分尺为2 500～3 000mm。

（二）百分尺的使用方法

百分尺使用得是否正确，对保持精密量具的精度和保证产品质量的影响很大，因此必须重视量具的正确使用，精益求精，务必获得正确的测量结果，确保产品质量。

使用百分尺测量零件尺寸时，必须注意以下几点：

（1）使用前，应把百分尺的两个测砧面擦干净，转动测力装置，使两测砧面接触，接触面上应无间隙和漏光现象，同时微分筒和固定套筒要对准“0”位。

（2）转动测力装置时，微分筒应能自由灵活地沿着固定套筒活动，没有任何卡涩和不灵活的现象。如活动不灵活，应及时送计量站检修。

（3）测量前，应把零件的被测量表面擦干净，以免有脏物存在影响测量精度。绝对不允许用百分尺测量带有研磨剂的表面，以免影响测量面的精度。亦不可用百分尺测量表面粗糙的零件，这样易使测砧面过早磨损。

（4）用百分尺测量零件时，应手握测力装置的转帽转动测微螺杆，使测砧表面保持标准的测量压力，听到“嘎嘎”的声音，表示压力合适，并可开始读数。注意，要避免因测量压力不等而产生测量误差。绝对不允许用力旋转微分筒增加测量压力，使测微螺杆过分压紧零件表面，导致精密螺纹因受力过大而发生变形，影响百分尺的测量精度。

（5）使用百分尺测量零件时，要使测微螺杆与零件被测量的尺寸方向一致。如测量外径时，测微螺杆要与零件的轴线垂直，不要歪斜。测量时，可在旋转测力装置的同时，轻轻晃动尺架，使测砧面与零件表面接触良好，如图2－45所示。

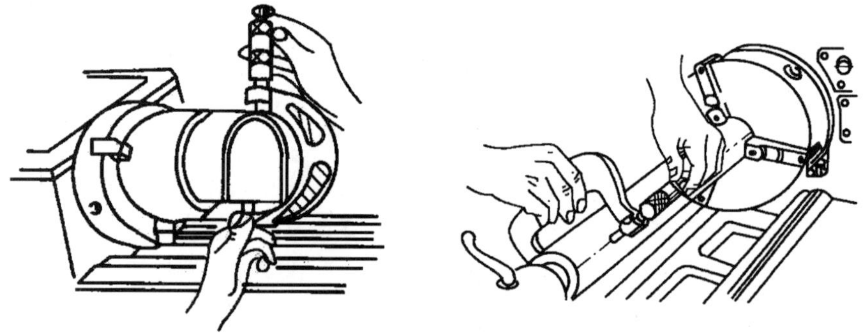

图2－45　百分尺测量零件的方法

（6）用百分尺测量零件时，最好在零件上进行读数。如果必须将百分尺取下读数，应用制动器锁紧测微螺杆后，再轻轻滑出零件进行读数。把百分尺当卡规使用是错误的，这样做不但易使测量面过早磨损，甚至会使测微螺杆或尺架发生变形而失去精度。

（7）为了获得正确的测量结果，可在同一位置上进行二次测量。尤其是测量圆柱形零件时，应在同一圆周的不同方向多次测量，检查零件外圆是否有圆度误差；再在全长的各个部位进行测量，检查零件外圆是否有圆柱度误差等。

（8）不要测量超常温的工件，以免产生读数误差。值得注意的是以下两种使用外径百分尺的错误方法：用百分尺测量旋转运动中的零件，很容易使百分尺磨损，而且测量也不准确［见图2－46（a）］；贪图快一点得出读数，握着微分筒挥转等，这同碰撞一样，也会破坏百分尺的内部结构［见图2－46（b）］。

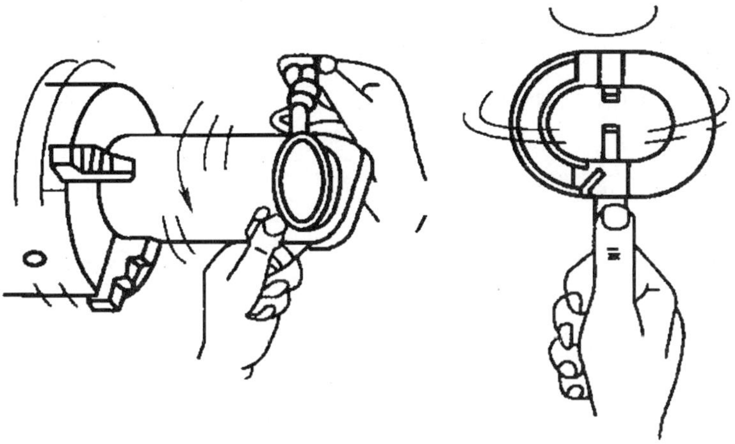

（a）　　（b）

图2－46　百分尺的错误使用方法

（三）百分尺的工作原理和读数方法

1. 百分尺的工作原理

外径百分尺的工作原理就是应用螺旋读数机构，它包括上千对精密的螺纹——测微螺杆与螺纹轴套和一对读数套筒——固定刻度套筒与微分筒。

用百分尺测量零件的尺寸，就是将被测零件置于百分尺的两个测量面之间，所以两测砧面之间的距离，就是零件的测量尺寸。当测微螺杆在螺纹轴套中旋转时，由于螺旋线的作用，两测砧面之间的距离发生变化。若测微螺杆按顺时针的方向旋转一周，两测砧面之间的距离就缩小一个螺距；同理，若按逆时针方向旋转一周，则两测砧面的距离就增大一个螺距。常用百分尺测微螺杆的螺距为0.5mm，当测微螺杆顺时针旋转一周时，两测砧面之间的距离缩小0.5mm；当测微螺杆顺时针旋转不到一周时，缩小的距离就小于一个螺距，它的具体数值，可从与测微螺杆结合成一体的微分筒圆周刻度上读出。微分筒的圆周上刻有50个等分线，当微分筒转动一周时，测微螺杆就推进或后退0.5mm，微分筒转过它本身圆周刻度的一小格时，两测砧面之间移动的距离为0.5mm/50＝0.01mm。由此可知，百分尺的读数值为0.01mm。

2. 百分尺的读数方法

在百分尺的固定刻度套筒上刻有轴向中线作为微分筒读数的基准线。另外，为了计算测微螺杆旋转的整数转，在固定刻度套筒中线的两侧，刻有两排刻线，刻线间距均为

1mm，上下两排相互错开 0.5mm。百分尺的具体读数方法可分为三步：

（1）读整数。读出固定刻度套筒上露出的刻线尺寸，一定要注意不能遗漏应读出的 0.5mm 刻线值。

（2）读小数。读出微分筒上的尺寸，要看清微分筒圆周上哪一格与固定刻度套筒的中线基准对齐，将格数乘 0.01mm 即得微分筒上的尺寸。

（3）将上面两个数相加，即为百分尺上测得的尺寸。

如图 2－47（a）所示，在固定刻度套筒上读出的尺寸为 8mm，微分筒上读出的尺寸为27（格）×0.01mm＝0.27mm，以上两数相加得被测零件的尺寸为 8.27mm；如图 2－47（b）所示，在固定刻度套筒上读出的尺寸为 8.5mm，在微分筒上读出的尺寸为 27（格）×0.01mm＝0.27mm，以上两数相加得被测零件的尺寸为 8.77mm。

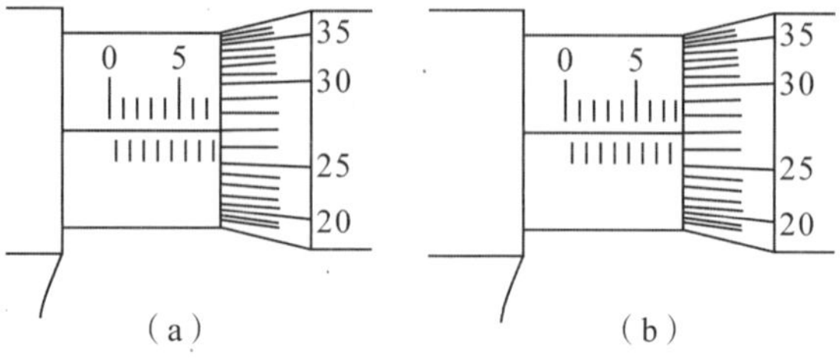

图 2－47　百分尺的读数

【例 2－1】如图 2－48 所示，读出下列百分尺的读数。

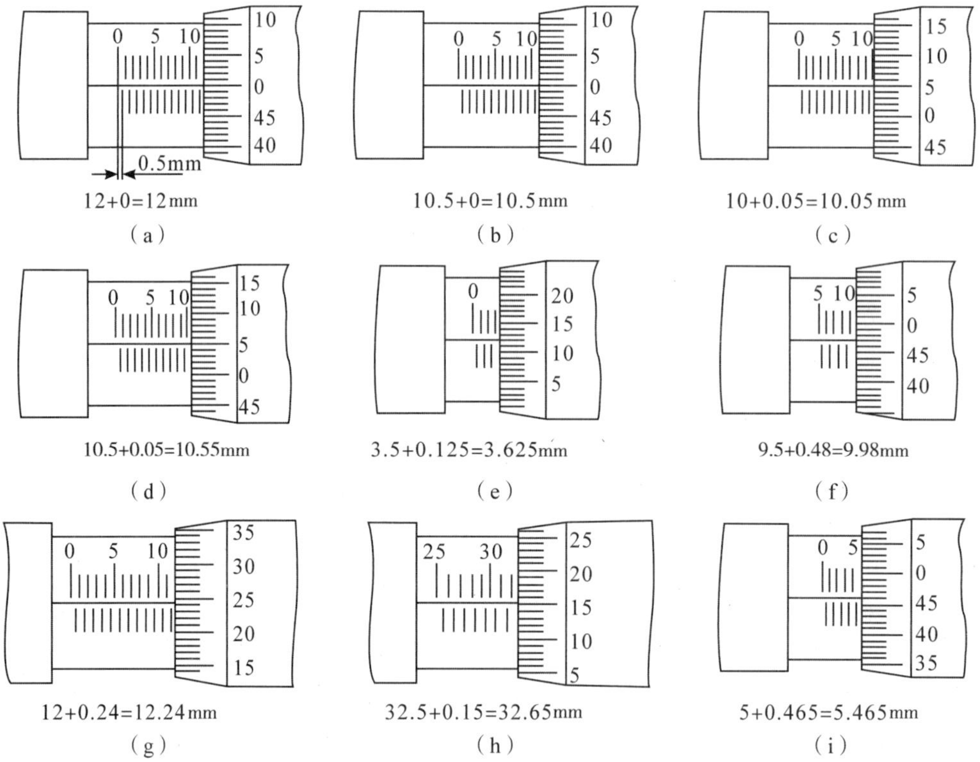

图 2－48　百分尺的读数示例

（四）百分尺的精度及“0”位的校对

1. 百分尺的精度

百分尺是一种应用范围很广的精密量具，按其制造精度可分为0级和1级两种，0级精度较高，1级次之。百分尺的制造精度，主要由其示值误差和测砧面的平面平行度公差的大小来决定，小尺寸百分尺的精度要求如表2-5所示。据表2-5可知，用小尺寸百分尺测量IT6—IT10级精度的零件尺寸较为合适。

表2-5 小尺寸百分尺的精度要求 单位：mm

测量上限	示值误差		两测量面平行度	
	0级	1级	0级	1级
15；25	±0.002	±0.004	0.001	0.002
50	±0.002	±0.004	0.001 2	0.002 5
75；100	±0.002	±0.004	0.001 5	0.003

百分尺在使用过程中若磨损和使用不当，会使百分尺的示值误差超差，所以应定期进行检查，进行必要的拆洗或调整，以保持百分尺的测量精度。

2. 百分尺“0”位的校对

百分尺如果使用不妥，“0”位就会变动，造成测量结果不正确，致使产品质量事故。所以，在使用百分尺的过程中应校对百分尺的“0”位。所谓校对百分尺的“0”位，就是把百分尺的两个测砧面擦干净，转动测微螺杆使它们贴合在一起，检查微分筒圆周上的“0”刻线是否对准固定刻度套筒的中线，微分筒的端面是否正好使固定刻度套筒上的“0”刻线露出来。如果两者位置都是正确的，就认为百分尺的“0”位是对的，否则就要进行校正，使之对准“0”位。

五、测量零件尺寸的方法

测量尺寸用的简单工具有直尺、内（外）卡钳，而测量较精密的零件时，要用游标卡尺、千分尺或其他工具。直尺、游标卡尺和千分尺上有尺寸刻度，测量零件时可直接从刻度上读出零件的尺寸。用内（外）卡钳测量时，必须借助直尺才能读出零件的尺寸。

（一）线性尺寸的测量

1. 测量直线尺寸

一般用直尺、游标卡尺或深度尺直接测量尺寸大小，必要时可借助直角尺或三角板配合进行测量，如图2-49所示。

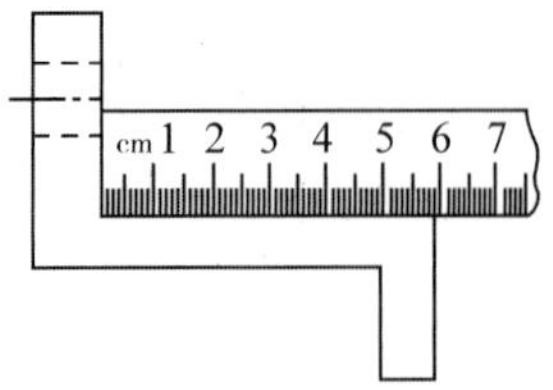

（a）用直尺直接测量

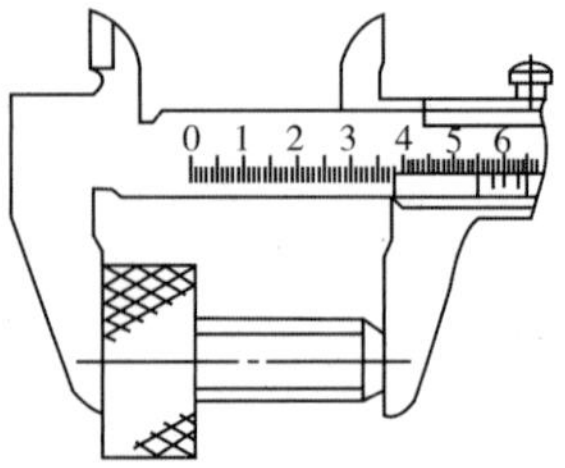

（b）用游标卡尺直接测量

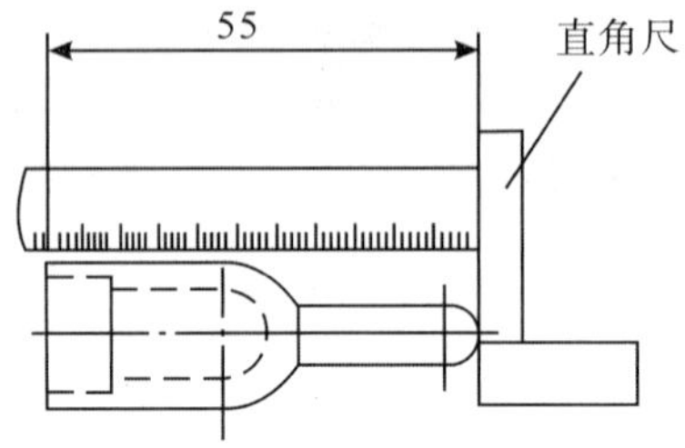

（c）用直尺和直角尺配合测量

图 2－49　测量直线尺寸

2. 测量直径尺寸

通常用内（外）卡钳或游标卡尺直接测量直径尺寸，必要时也可使用内（外）径千分尺。测量时应使两测量点的连线与回转面的轴线垂直相交，以保证测量精度，如图 2－50 所示。

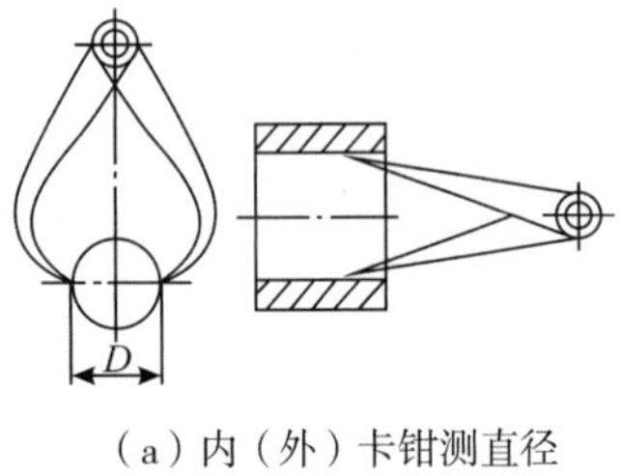

（a）内（外）卡钳测直径

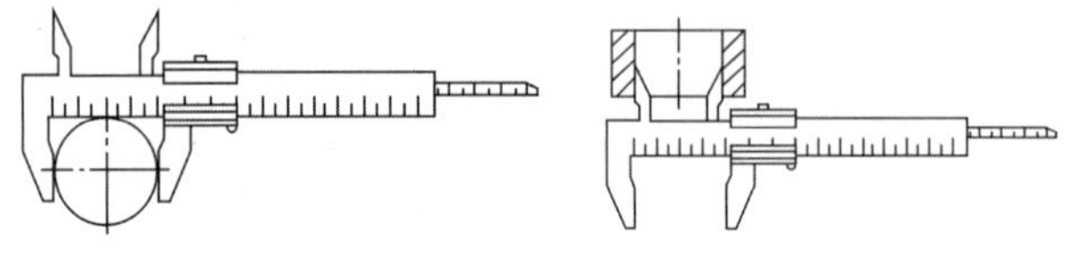

（b）游标卡尺测直径

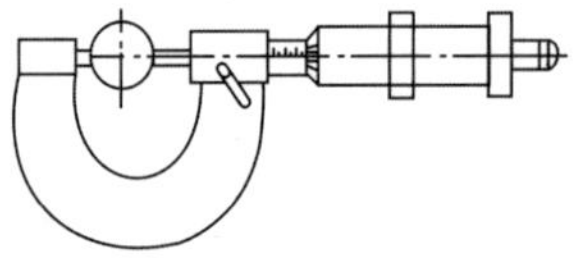

（c）外径千分尺测直径

图 2－50　直径尺寸的测量

在测量阶梯孔的直径时，会遇到外孔小、内孔大的情况，而用游标卡尺无法测量大内孔的直径。这时，可用内卡钳测量，如图 2－51（a）所示，也可用特殊量具（内外同值卡尺）进行测量，如图 2－51（b）所示。

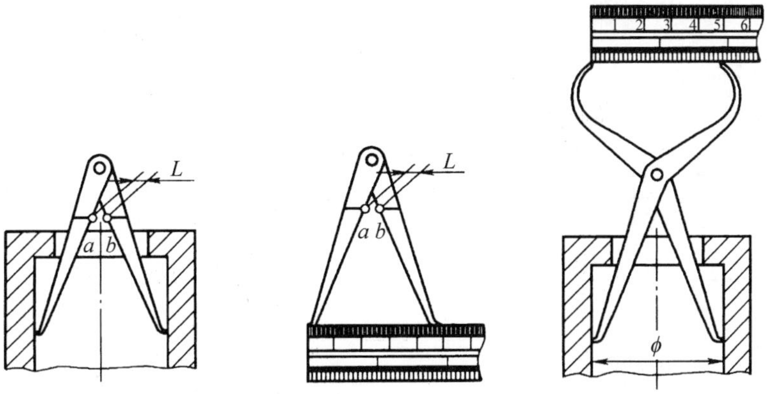

（a）用内卡钳测量　　　　（b）用内外同值卡尺测量

图 2－51　测量孔的内径

3. 测量壁厚

一般可用直尺测量壁厚，如图 2－52（a）所示。若孔径较小时，可用带测量深度的游标卡尺测量，如图 2－52（b）所示；有时也会遇到用直尺或游标卡尺都无法直接测量的壁厚，这时则需用卡钳直尺配合进行测量，如图 2－52（c）所示。

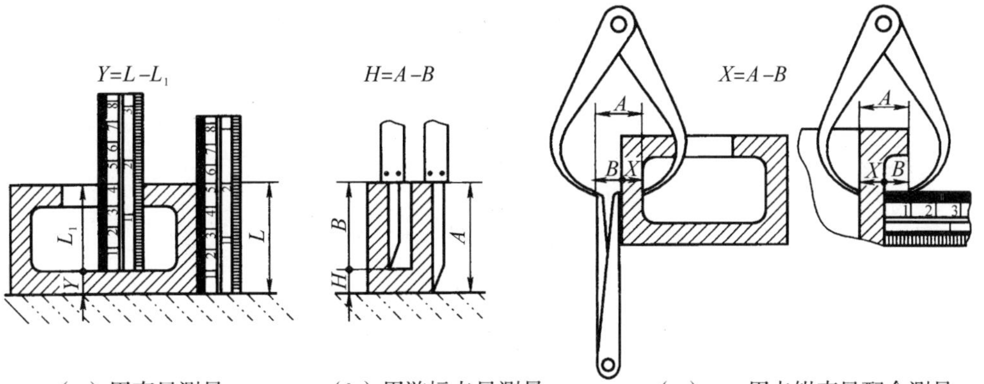

（a）用直尺测量　　　　（b）用游标卡尺测量　　　　（c）　用卡钳直尺配合测量

图 2－52　测量壁厚

4. 测量孔间距

可利用直尺、游标卡尺或卡钳直尺测量孔间距，如图 2－53 所示。

$L=A+D_1/2+D_2/2$

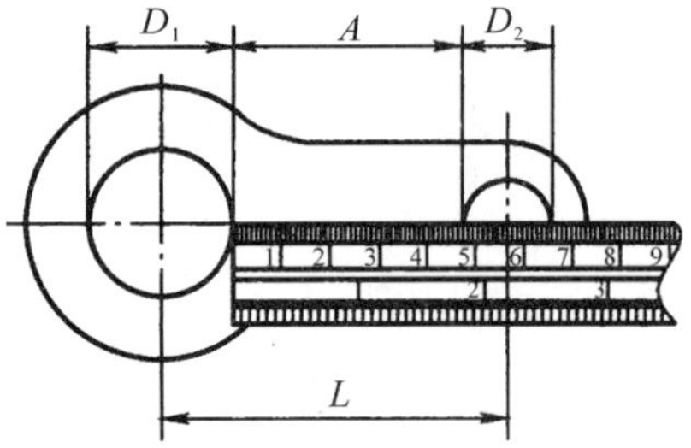

（a）用直尺测量

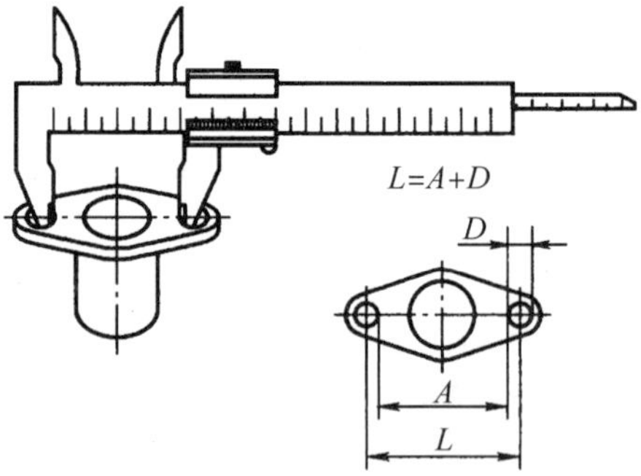

（b）用游标卡尺测量

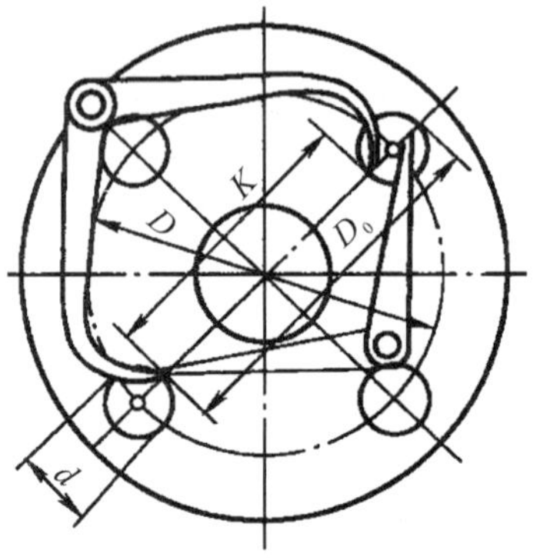

$D=K+d=D_0$

（c）用卡钳直尺测量

图 2－53　测量孔间距

5. 测量中心高

一般可用直尺、卡钳直尺或游标卡尺测量中心高，如图 2－54 所示。

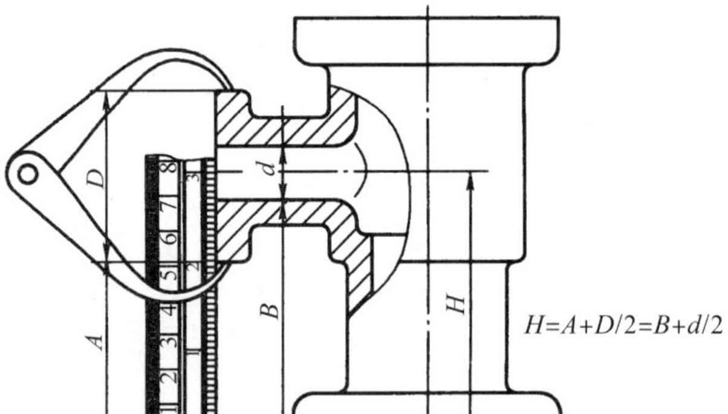

图 2－54　测量中心高

（二）非线性尺寸的测量

1. 测量圆角

检查圆弧半径尺寸是否合格的量规称为半径样板或圆角规。半径样板分为检查凸形圆弧和凹形圆弧两种。半径样板成套地组成一组，根据半径范围，常用的有三套，每组由凹形和凸形样板各 16 片组成，最小的为 1mm，每隔 0.5mm 增加一档，到 20mm 为止，然后每隔 1mm 增加一档，到 25mm 为止。具体尺寸如表 2－6 所示。每片样板都是用 0.5mm 厚的不锈钢板制成，如图 2－55 所示。

表 2－6　成套半径样板的尺寸　　单位：mm

样板组半径范围	样板半径尺寸															
1～6.5	1	1.25	1.5	1.75	2	2.25	2.5	2.75	3	3.5	4	4.5	5	5.5	6	6.5
7～14.5	7	7.5	8	8.5	9	9.5	10	10.5	11	11.5	12	12.5	13	13.5	14	14.5
15～25	15	15.5	16	16.5	17	17.5	18	18.5	19	19.5	20	21	22	23	24	25

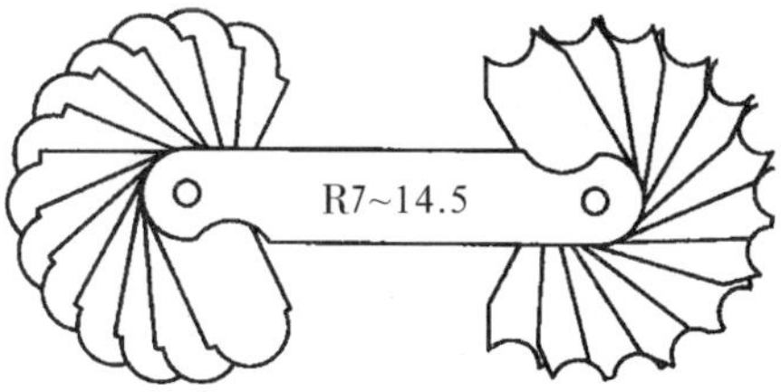

图 2－55　半径样板

用半径样板检查圆弧角时，先选择与圆弧角半径相同的样板，将其紧靠被测圆弧角，要求样板平面与被测圆弧垂直，即样板平面的延伸面通过被测圆弧的圆心；然后用透光法查看样板与被测圆弧的接触情况，完全不透光为合格，如果透光，则说明被检圆弧角的弧度不合要求。如图 2－56 所示。

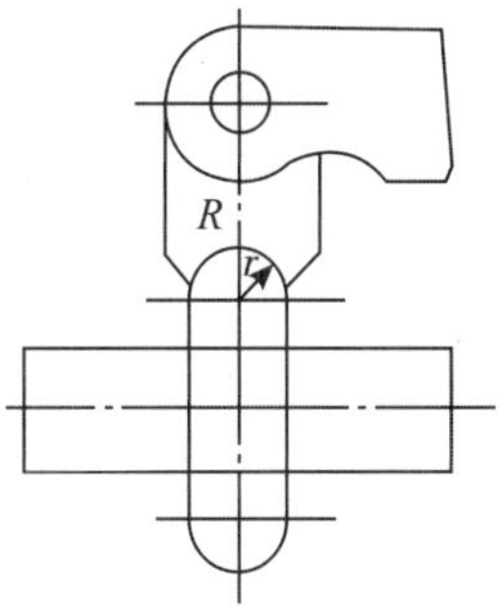

r=R

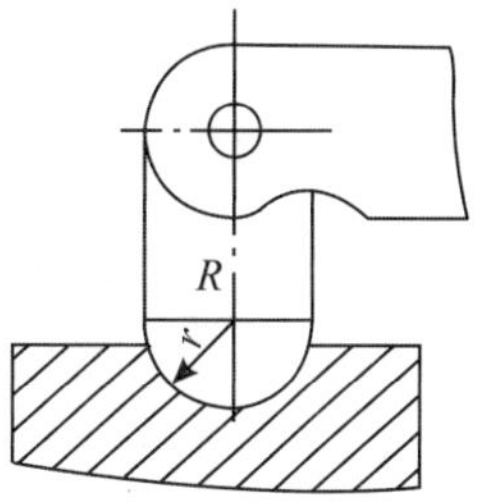

r=R

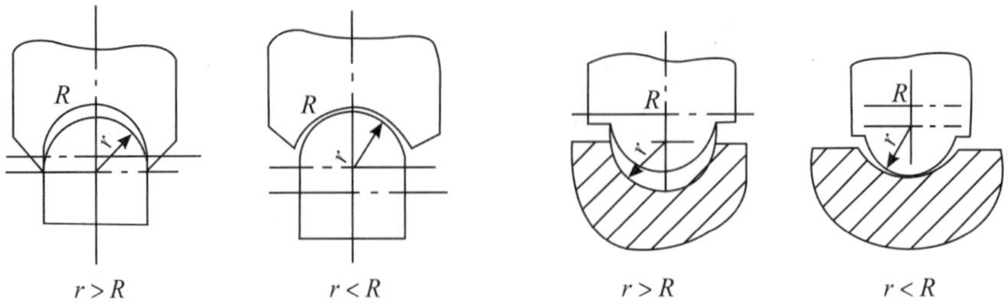

图2-56　半径样板的使用方法

若要测量出圆弧角的未知半径，则选用近似的样板与被测圆弧相靠，完全吻合时，该片样板的数值即为圆角半径的大小，如图2-57所示。

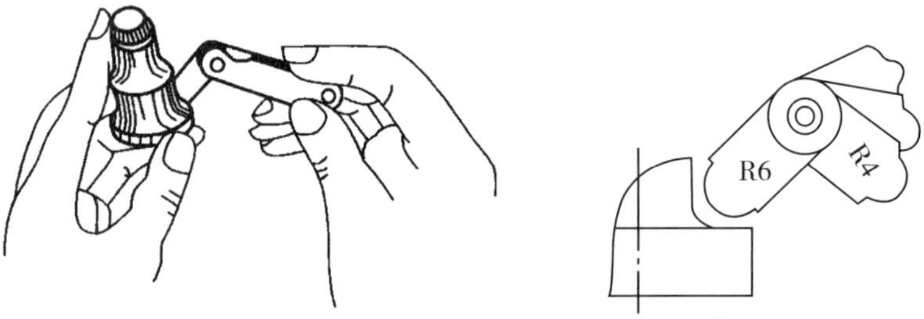

图2-57　测量圆角半径

2. 测量螺纹

检查低精度螺纹零件的螺距、牙型时，可采用螺纹样板。螺纹样板也是成套供应，即由多种标准螺纹牙型样板组成，在每一个样板上标注着各自的螺距，每片样板均采用0.5mm厚的不锈钢板制成。

首先，目测螺纹的线数和旋向。

然后，目测螺纹的螺距，选一片螺纹样板在被测螺纹上试卡，如果完全吻合，没有透光现象，说明被测螺纹的螺距、牙型合格；如果样板牙型与被测螺纹的牙型表面不密合，则换一个与之尺寸相近的样板试卡，直到密合为止。此时，样板所标注的螺距即为实际螺距。如图2-58所示。

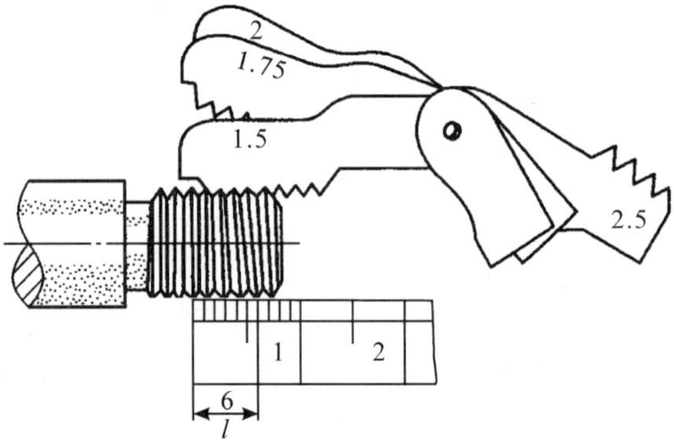

图2-58　螺距的测量

知道螺距后，用游标卡尺直接测出螺纹的大径和长度。最后查对标准手册，核对牙型、螺距和大径，确定螺纹标记。

3. 测量曲线或曲面

测量曲线或曲面时，若测量精度要求较高，应使用专用的测量仪器；若测量精度要求不高，对一些不容易测量的部位，还可采用以下方法进行测量：

（1）拓印法。对于平面与曲面相交的曲线轮廓，可以先用纸拓印出轮廓，得到真实的曲线形状后，用铅笔描深，然后判定该曲线的曲线轮廓，确定切点，找到各段圆弧的中心，再测出半径值。如图 2－59（a）所示。

（2）铅丝法。测量回转面零件的母线曲率半径时，可以先用铅丝贴合其曲面弯成母线形状，描绘到纸上，然后进行测量。如图 2－59（b）所示。

（3）坐标法。一般的曲线和曲面都可以用直尺和三角板定出曲面上各点的坐标，进而在纸上画出曲线，然后测出曲率半径。如图 2－59（c）所示。

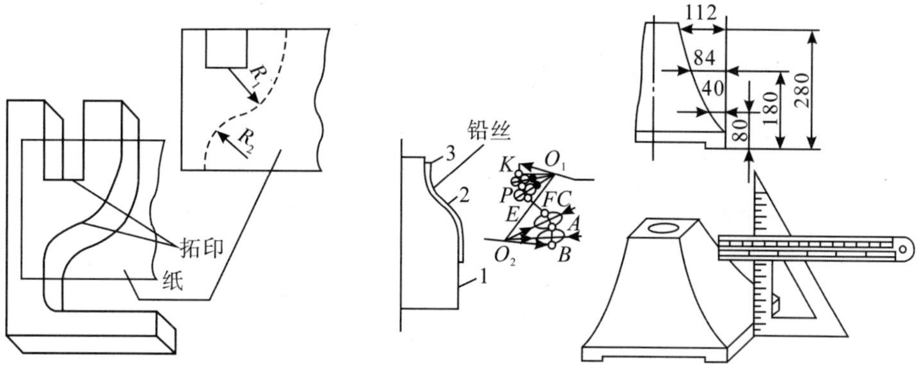

（a）拓印法　　（b）铅丝法　　（c）坐标法

图 2－59　测量曲线、曲面

4. 直齿圆柱齿轮参数的测量

（1）齿轮基本参数的测量。

标准齿轮啮合角 $\alpha = 20°$，$ha^* = 1$。齿轮的齿数 z 可以根据实物数出来。齿顶圆直径 d_a 必须测量。齿数为奇数或偶数时，齿顶圆的测量方法不同。若齿数为偶数，可直接利用直尺或游标卡尺量出，如图 2－60（a）所示。若齿数为奇数，由于齿顶对齿槽，所以无法直接测量，带孔齿轮可如图 2－60（b）所示的方法测出 D 和 H，然后由 $d_a = D + 2H$ 计算出齿顶圆直径 d_a，齿轮模数 $m = d_a /(z + 2ha^*)$。同时，计算出的模数应与标准齿轮模数相比，取相同或最接近的模数值，计算其他参数。

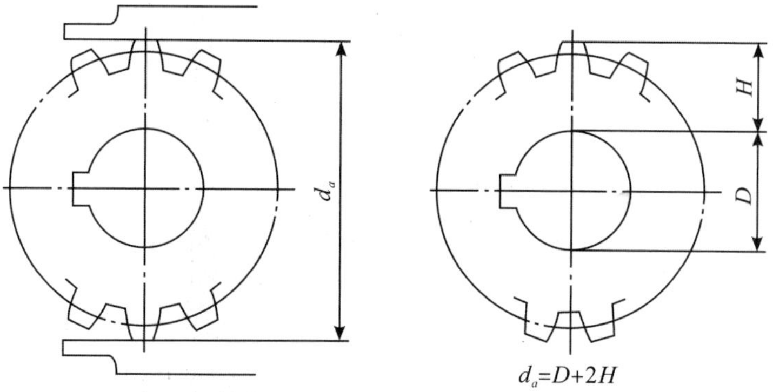

（a）偶数齿　　（b）奇数齿

图 2－60　测量齿顶圆

(2) 齿轮齿厚的测量。

齿轮齿厚的测量需用到齿厚游标卡尺，其结构如图 2－61 所示，水平主尺上有游标齿框，与微调装置相连，高度定位尺用于定位，量爪用于测量齿厚。齿厚游标卡尺以测量模数 m 的范围表示：1～16mm，1～25mm，5～32mm，10～50mm；分度值 0.02mm。测量时，在垂直主尺上调整出齿顶高，并用游标尺框上的螺钉锁紧，将高度定位尺紧贴被测齿轮的齿顶，保持齿厚游标尺与被测齿轮轴线垂直，移动水平游标尺框到量爪接近轮齿侧面时，拧紧微调装置上的紧固螺钉，旋转微调装置，使两个量爪轻轻接触轮齿侧面，从水平游标卡尺上读出齿厚数值，如图 2－62 所示。齿厚游标卡尺的测量精度不高，因为测量时以齿顶圆定位，所以齿顶圆误差和径向跳动误差会影响测量结果。

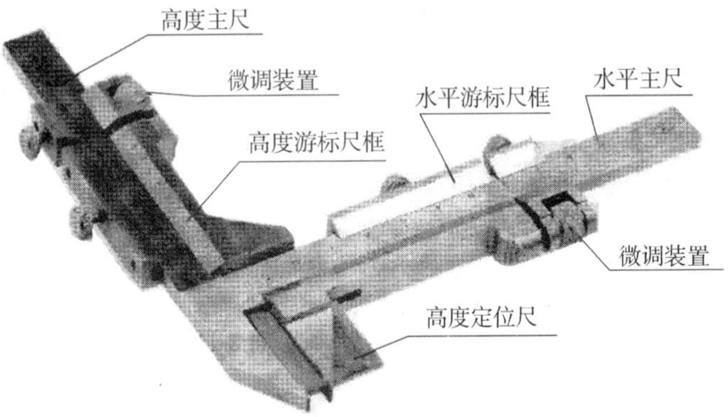

图 2－61　齿厚游标卡尺的结构

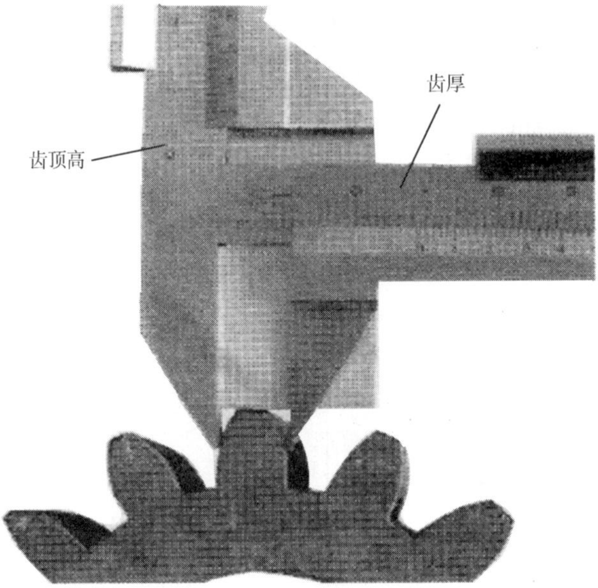

图 2－62　齿厚游标卡尺测量

(3) 齿轮公法线的测量。

公法线千分尺主要用于测量模数 $m \geqslant 1$mm 的渐开线外啮合齿轮的公法线长度。其结构与外径千分尺相似，唯一不同的是把测量头换成了两个相互平行的圆盘，如图2－63所示。公法线千分尺的测量范围为：0～25mm，25～50mm，50～75mm，750～100mm，100～125mm，125～150mm；分度值0.01mm。测量时，按要求的跨测齿数将两个圆盘的中部与被测齿轮分度圆附近的齿面轻轻接触，千分尺的示值就是公法线的长度。读数方法与外径千分尺完全相同。

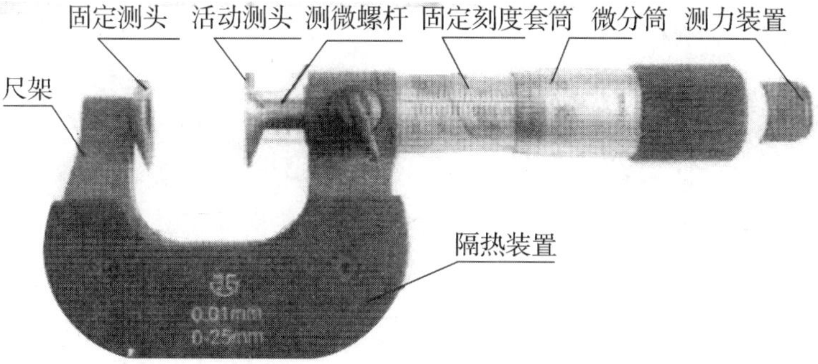

图2－63　公法线千分尺的结构

（三）尺寸测量注意事项

1. 尺寸数字的标注

在零件草图上标注的所有尺寸数字，一律标注实际测量锁定的尺寸数值。

2. 要正确处理实测数据

对于关键零件的尺寸和各零件的重要尺寸，应反复测量多次，然后记录其平均值。一般来说，总尺寸应直接测量，不能由中间尺寸相加计算而得。在对较大的孔、轴、长度等尺寸进行测量时，必须考虑其几何形状误差的影响，多测几个点，取平均值。

3. 零件测绘状态

测量时，应确保零件的自由状态，避免由于装夹、量具接触压力等造成零件变形而引起的测量误差。对组合前后形状有变化的零件，应掌握其变化前后的差异。

4. 配合面的测量

两个零件有配合或在连接处其形状结构可能一样，测量时也必须各自测量、分别记录，然后相互检查确定尺寸。

第三节　草图绘制及尺寸圆整

草图绘制是零部件测绘的基本任务之一，也是工程师的一项基本技能。草图是徒手绘制的工程图样，与尺规作图相比，有其特殊的规律。下面介绍零件草图绘制的一些基本技巧和零件的视图表达方法。

一、零件草图绘制概述

草图并不等于潦草，除线宽和比例不作严格要求外，草图上的线型、尺寸标注、字体和标题栏等均需按国家标准绘制。零件草图是绘制装配图、零件工作图的原始资料和主要依据。

（一）零件草图的构成与绘制要求

零件草图不同于尺规作图画出的零件工作图，它有自身的规律和特点，在绘制过程中也有一些特殊的要求，只有掌握这些特点和要求，才能画出一张合格的草样。

1. 零件草图的构成与特点

草图也叫徒手图，是不借助于绘图工具，以目测来估计图形与实物比例，按一定的画法要求徒手绘制的图样。零件草图除线宽和比例不作严格要求外，其他要求与零件工作图的要求完全一致。在内容上，也是由一组视图、完整的尺寸标注、技术要求、标题栏四个部分组成。在零部件测绘过程中，对零件草图的基本要求是图形正确、表达清晰、尺寸完整、图面整洁、字体工整、技术要求符合规范。

零件草图一般是在测绘现场徒手绘制的，与尺规绘出的零件工作图的区别仅在于目测比例和徒手绘制。由于零件草图的尺寸需要凭借肉眼来判断，在图纸上的尺寸与实际尺寸之间不可能保持严格的比例关系。因此，零件草图只要求图上尺寸与被测零件的实际尺寸大体上保持某一比例即可。在同一张图样中，图形各部分之间的比例关系尽管不作严格要求，但也应大体符合实物各部分之间的比例。

由于零件草图是徒手绘制的，一般不严格区别线宽，但线型仍要按国家标准要求来选择。例如，用实线表示可见轮廓，用虚线表示不可见轮廓，用点画线表示对称等。

2. 零件草图绘制时应注意的问题

零件草图是绘制零件工作图的基本依据，在绘制过程中，要注意和掌握以下基本要求。

（1）零件测绘的优先顺序。部件解体后，应对所有非标准零件逐一测绘。由于零件间存在着相互关联，零件的尺寸标注要相互参照，因此就出现了零件测绘的优先顺序问题，一般应按“基础件—重要零件—相关度高的零件——般零件”的顺序进行测绘。

基础件一般都比较复杂，与其他零件相关的尺寸较多，部件也常以基础件为核心进行装配，故应优先测绘。通过对基础件的测绘，还可以发现尺寸中的矛盾，从而可提高其他零件的测绘效率。

一些重要的轴类零件，如柴油机上的曲轴、凸轮轴及机床的主轴等，因其在部件中的作用重要，其他零件也都以保证这些重要零件正常工作为前提来进行设计，因此，也应优先安排测绘。

（2）仔细分析，忠于实样。画测绘草图时必须严格忠于实样，不得随意更改，更不能主观猜测。特别是零件构造上的工艺特征，不得进行更改。在实际测绘中，常会遇到一些难以理解或认为有更优方案的结构，在这种情况下，仍然要把忠于原样作为原则，不允许有任何更改。确实需要更改的，可做好记录，在零件图绘制阶段再进行更改。

如图 2－64 所示的传动减速箱的循环油路，为使两条油路互相沟通，需加工一个垂直工艺孔，这个孔在最终产品上需要堵住，并涂漆保护。但若将其测绘成如图 2－64（a）

所示的图样，则减速器装配后就不能正常工作，应如图2－64（b）所示，工艺孔在最终产品中用螺钉堵住后封漆。

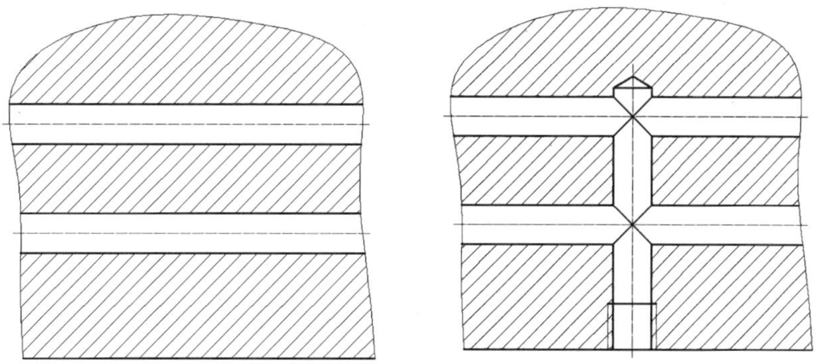

（a）错误　　（b）正确

图2－64　循环油路的错误与正确画法

在测绘中最容易忽略的是零件上的一些细小结构，如孔、轴端倒角、转角处的小圆角、沟槽、退刀槽、凸台和凹坑、盲孔前端的锥角等。对这些结构应特别小心检查，以防遗漏。

（3）测绘时应做好记录。绘制零件草图时，应当配备专门的工作记录本；在动手测绘时，应特别注意记好工作摘要。例如，记录实测中一时还很难确定的问题，实测中发现的疑点，某些没有理解清楚的设计结构，必要的验证资料，各种问题的处理过程、意见等，这些工作记录将是后续各阶段的重要参考资料。

（4）绘制草图时，对一些连接处要给予充分的注意。如压力容器的螺栓连接，必须保证连接的紧密性和工作的可靠性，其中螺母的预紧力、螺母和垫圈的厚度、扳手口尺寸等都会影响结合面的密封性。再如标准件，要注意匹配性、成套性，切不可用大垫圈配小螺母。

（二）零件草图绘制的步骤

零件草图的绘制过程与尺规作图的过程大体相同，也包括分析零件、选择表达方案、画零件图、画尺寸线、测量并标注尺寸数字、注写技术要求和零件材料、校核零件图等步骤。

1. 了解和分析测绘对象

首先应了解零件的名称、用途、材料及其在部件中的位置和作用，然后对该零件进行结构分析和制造方法等分析。

（1）零件结构与表达方法分析。这里所说的结构是从零件图的表达特点上来区分的，常将零件结构分为轴杆类、盘盖类、叉架类和箱体类。判明一个零件为何种结构是确定视图表达方案的前提，不同的零件结构应采用不同的表达方案。

（2）零件结构在部件中的作用分析。零件在机器或部件中的作用决定了零件各表面在机器或部件中的重要程度，也决定了零件各个尺寸的重要程度及零件与其他零件间采用的配合方式和要求。

（3）零件结构与加工工艺分析。绘制零件图的目的是加工，这就要求在绘制零件图时必须考虑加工的精确度、加工的工艺要求，尽可能地减少加工误差。因此，在绘制零件草图之前，必须考虑到加工工艺的要求来标注图中的各个尺寸。

（4）零件的磨损程度分析。判明零件的现有尺寸是否为出厂时的尺寸，有无磨损。对于出现磨损的情况，应在测量尺寸时予以考虑，并参照与之相配合的其他零件和有关文献资料进行矫正。

2. 确定视图表达方案

视图表达方案的选取一般是根据显示零件形状特征的原则，按零件的加工位置或工作位置确定主视图，按零件的内外结构特点选用必要的其他基本视图和剖视图、剖面图、局部放大图等来表达。

如轴、套、盘、盖等回转体类零件，通常以加工位置或将轴线水平放置时的主视图来表达零件的主体结构，必要时配合局部剖视或其他辅助视图来表达局部的结构形状。

3. 目测零件尺寸与绘制零件草图

绘制草图前要把零件形状看熟，在头脑中形成一个零件全貌。这样，在绘制时既可保证准确性又可提高效率，不要看一点画一点，这样的工作方法效率较低。绘制零件草图时，不能先测量再绘制，而是先绘制全部图形，再统一进行测量。因此，在绘制零件草图时，就需要对零件尺寸进行目测。下面以绘制球阀上阀盖的零件草图（见图2－65）为例，说明目测的方法和绘制零件轮廓的步骤。

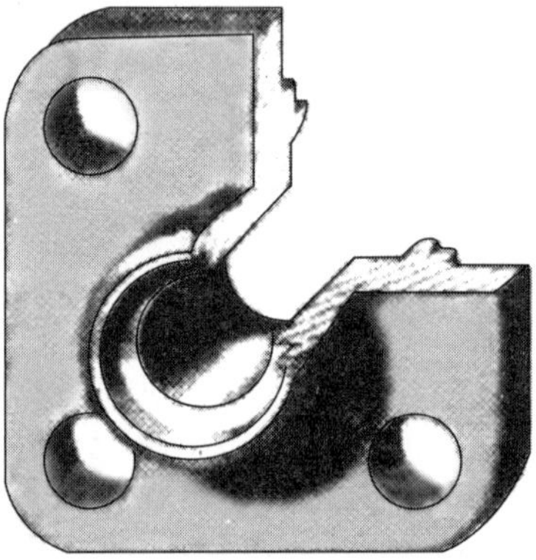

图2－65　阀盖零件的轴测剖视图

（1）视图选定后，要按图纸大小确定视图位置。草图应按比例绘制，以视图清晰、便于标注为准。如图2－66所示，制图者试图以阀盖轴孔轴线水平方向放置作为主视图，用主、左两个基本视图来表达。在布置视图时，应尽量考虑到零件的最大尺寸，尽可能准确地确定视图的比例。

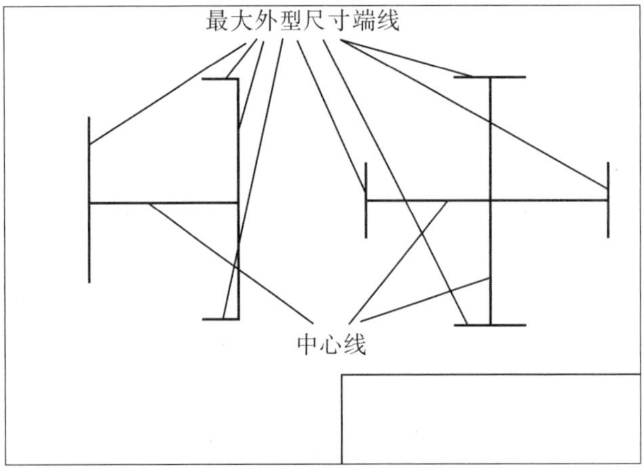

图2－66　绘制零件草图

（2）在图纸上定出各视图的位置，画出主、左视图的对称中心线和作图基准线。

（3）由粗到细，由主体到局部，由外到内逐步完成各视图的底稿。

（4）目测零件轮廓各部分的尺寸，详细地画出零件的结构形状。

（5）确定被测绘零件尺寸基准。按正确、完整、清晰的要求，尽可能合理地标注零件的尺寸，画出全部尺寸界线、尺寸线和箭头。画完后要进行校对，检查是否存在遗漏和不合理的地方。经仔细校核后，按规定线型将图线加深（包括画剖面符号）。

草图绘制阶段至此完成，但图上还缺少尺寸数字及公差，这一部分内容的标注需要在测量之后再添加。

二、徒手绘图基础

绘制草图的基本要求是准确。准确有两方面的含义：一是能够真实地反映零件的特征，二是各线段之间的比例与零件相对应部分的比例应基本一致。徒手绘图要达到上述要求，又不能借助于任何绘图工具，这就必须掌握一定的方法和技巧。

（一）图形的徒手画法

徒手绘图时，可在方格纸上进行，尽量使图形中的直线与分格线重合，这样不但容易画好图线，而且便于控制图形大小和图形间的相互关系。在画各种图线时，宜采取手腕悬空，小指轻触纸面的姿势，也可随时将图纸转动到适当的角度，以利画图。

1. 直线的画法

画直线时，眼睛要注意线段的终点，以保证线条平直，方向准确。对于30°、45°、60°等特殊角度的直线，可根据其近似正切值3/5、1、5/3作为直角三角形的斜边画出，如图2－67所示。

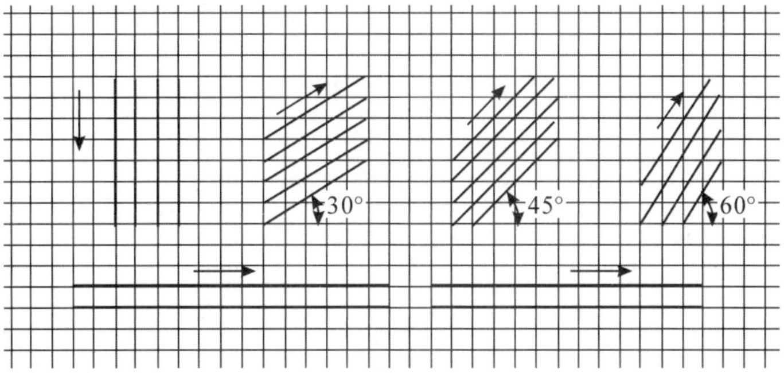

图2－67 直线的画法

2. 圆和圆弧的画法

画小圆时，可按圆的半径先在对称中心线上截取四点，然后分四段逐步连接成圆，如图2－68（a）所示。当圆的直径较大时，除在中心线上截取四点外，还可通过圆心画两条与水平线成45°的射线，再取四点，分八段画出，如图2－68（b）所示。

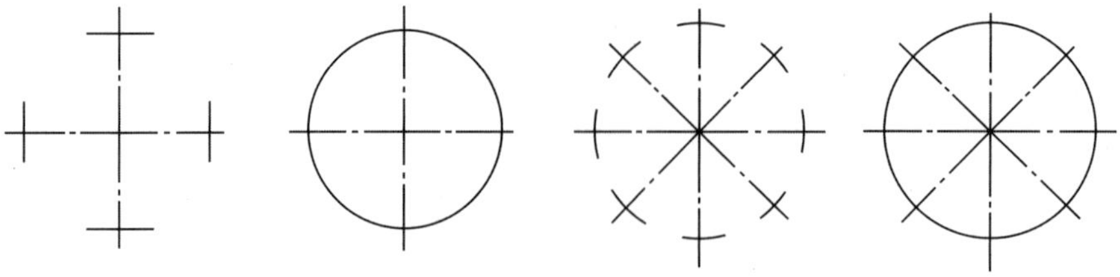

（a）　（b）

图 2－68　圆的画法

如图 2－69 所示，为画圆弧的方法：先目测，在角平分线上选取圆心位置，使它与角两边的距离等于圆弧的半径；过圆心向两边引垂线定出圆弧的起点和终点，并在分角线上也定出一个圆周点，然后徒手作圆弧把这三点连接起来。

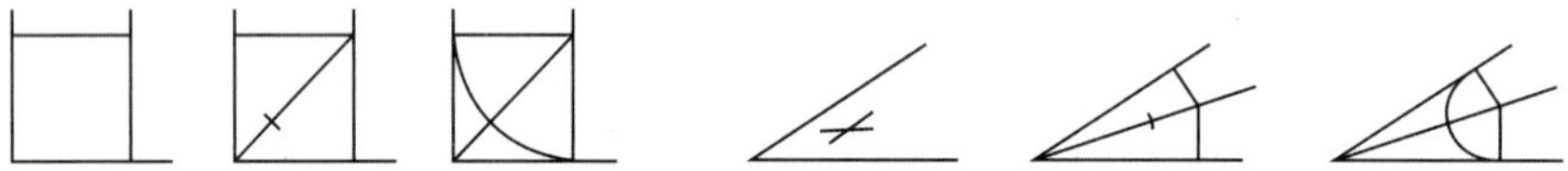

（a）画90° 圆弧　（b）画任意角圆弧

图 2－69　画圆弧的方法

3. 椭圆的画法

已知长短轴作椭圆的画法如图 2－70 所示。先画出椭圆的长短轴，过长短轴端点作长短轴的平行线，得到一个矩形，再徒手作出与矩形相切的椭圆。

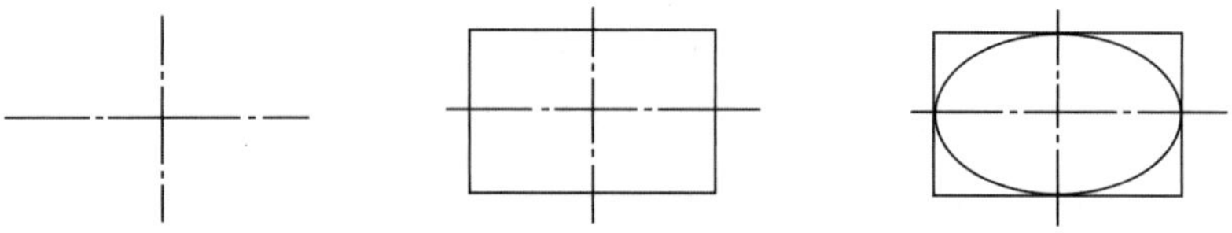

图 2－70　已知长短轴作椭圆的画法

利用外切平行四边形画椭圆的方法如图 2－71 所示。作两相交直线（直线与水平线的倾角均为30°），以圆半径为长度，以两直线交点为圆心在直线上取四点，过四点分别作两直线的平行线，即得椭圆的外切平行四边形，然后分别徒手作两钝角及两锐角的内切弧，即得所需椭圆。

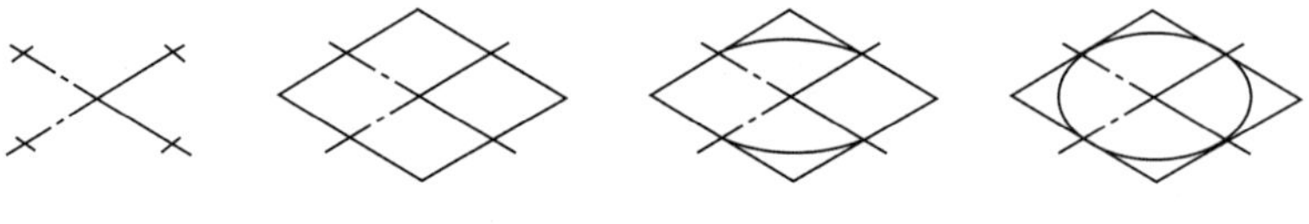

图 2－71　利用外切平行四边形画椭圆的方法

（二）草图绘制的技巧

在草图的绘制中，对于一些不容易绘制的形状和图形，可以利用一些辅助的方法和特殊的技巧来完成。

1. 长直线的绘制

对于短直线，一般可直接画出。但对于较长的直线，如图框边线、对称中心线等，初学者不容易画成直线，这时可采用两种办法来解决。第一种是将草图纸折叠出折痕，然后用铅笔描绘这个折痕。第二种是用桌子边缘、工作台边缘、图纸边缘等已知直线作为参照，在图纸上画出平行于这些已知直线的平行线。用这种办法画平行线时，可像拿筷子那样持两支笔，一支笔用来画线，另一支笔沿另一条已知平行直线运动。如果没有两支笔，也可用手指沿一已知的直线运动。徒手绘制图框线和对称线的效果如图 2－72 所示。

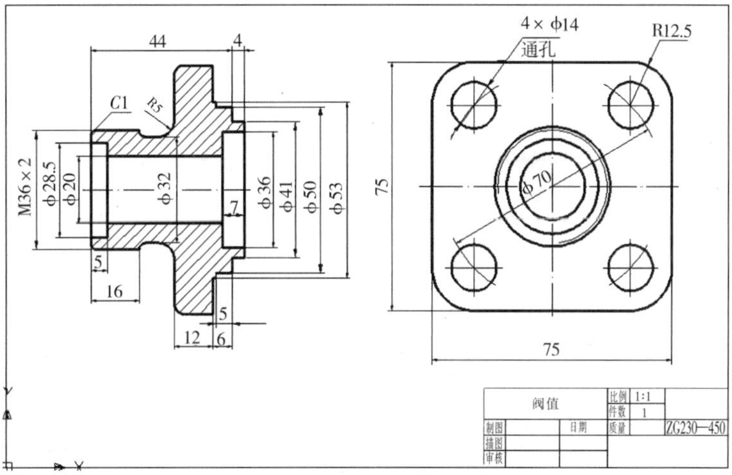

图 2－72　徒手绘制图框线和对称线的效果

2. 复杂轮廓的画法

（1）用勾描法绘制轮廓。

当复杂平面的轮廓能接触到纸面时，可将该平面直接放在图纸上，用铅笔沿轮廓画线，如图 2－73 所示。

（2）用拓印法绘制轮廓。

拓印法是将零件在图纸上压出一个印痕，然后用铅笔描出零件的轮廓，如图 2－74 所示。

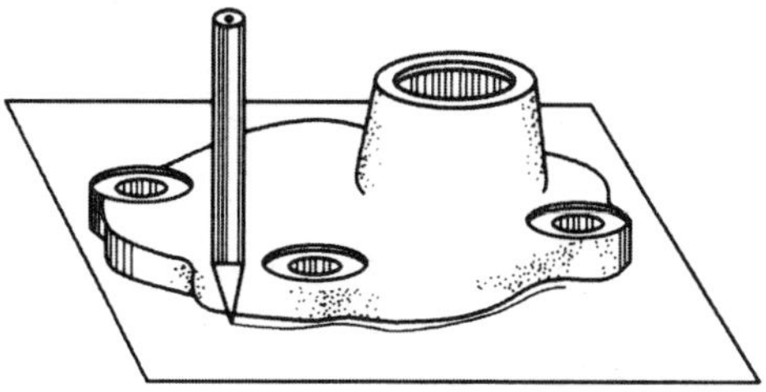

图 2－73　勾描法画零件的轮廓

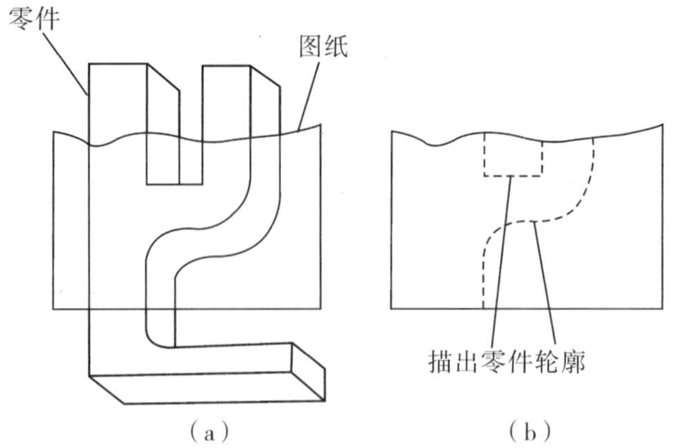

图 2-74　拓印法画零件的轮廓

这种方法虽然简便，但受以下两个条件的限制：一是零件不能过大；二是视图的比例应选为 1∶1。绘图时，应先估计零件在图纸上的位置，再进行压痕。

拓印法画图的顺序与正常制图时的顺序不同。正常绘制时，需要先画出对称线再画轮廓线。而拓印时，是先将零件的轮廓印到图纸上，画出零件的轮廓线后再画对称线。

另外，当零件上的被绘平面受其他结构限制不能接触纸面时，可使用压痕法。即另选一张纸，在有结构阻挡处将纸挖去一块即可印出曲线轮廓，如图 2-75 所示，最后再将印迹描到图纸上。

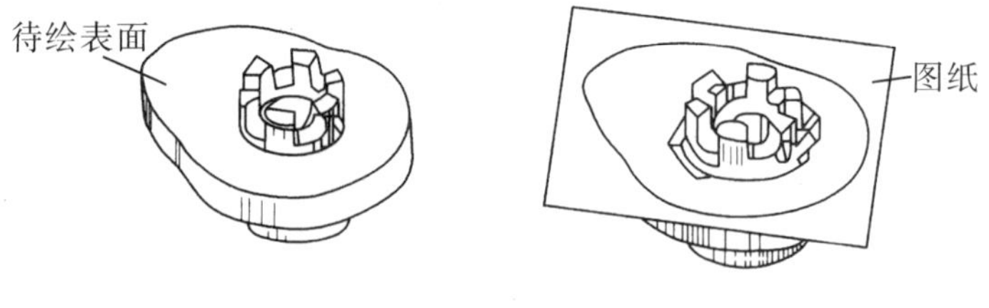

图 2-75　压痕法画零件的轮廓

（3）用铅丝法绘制轮廓。

取铅丝一段，利用铅丝较柔软的特性，将其贴放在被测零件的表面。然后将铅丝小心取下，放在图纸上，用铅笔描绘出铅丝的形状。所描绘出的曲线就是零件表面的曲线。

用铅丝法画轮廓曲线，需要找到该曲线的圆心。通过观察我们可以得知，曲线应由两个圆弧连接而成，我们可以在两段圆弧上各取三点，如图 2-76 所示的 A、B、C 和 E、M、K，并以相邻两点为圆心画弧，过两对弧线的交点作直线，两直线的交点即为曲线的圆心（O_1 和 O_2），圆心到曲线的距离为两圆的半径（R_1 和 R_2）。

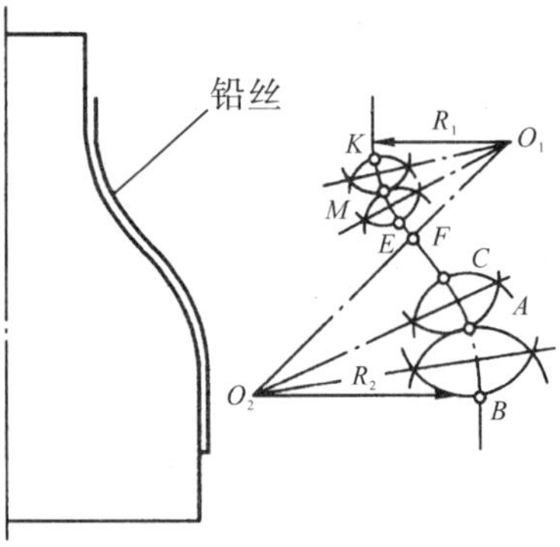

图 2-76　铅丝法画轮廓曲线

用铅丝法画轮廓曲线是一种非常简便的方法，但在实际运用中需要注意的是，由于铅丝较柔软、容易变形，所以取下铅丝时必须非常小心，稍有不慎，铅丝就可能变形，使图形的精度降低。在能用其他方法解决问题时，尽量不用铅丝法。若必须使用铅丝法，应选取较硬的铅丝。

（4）用坐标法绘制轮廓。

如图2－77（a）所示，将被测零件放置在一个平整的台面上，用直尺和三角板在被测零件的表面选若干个测量点。如图2－77（b）所示，在图纸上画出一个直角坐标，再在被测点上测零件表面到三角板的距离，后在图纸上画出相应的点坐标。用曲线板平滑地画出连接各坐标点的曲线，这样就可以在图纸上画出该零件的表面轮廓曲线。

曲线绘出后，需找出该曲线的圆心。

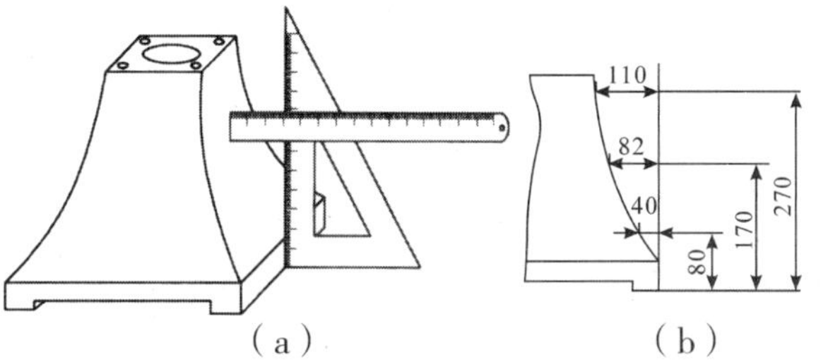

图2－77　坐标法画轮廓曲线

（5）用比例法绘制轮廓。

尺寸的估测是工程师的基本功之一，平时应该注意经常练习目测常用尺寸的大小。例如，家用门窗玻璃厚约为3mm，办公桌上的玻璃厚约为5mm，手指宽约为10mm，一柞（拇指与中指展开后的最大距离）约为200mm等。上述尺寸可以预先测量，应该对其有一个基本的掌握。

对于较大的尺寸可以借助其他已知物体的长度来进行估测。例如，正方形地面瓷砖的边长多为600mm或800mm，而每块瓷砖的具体长度，可以用手来估测一下。对于较大的零件，如果放在铺有地砖的房间内，则可借助其占用地砖的数量来进行估测。

比例法是在确定最大外轮廓的基础上，按零件的细部与其他部分的比例画出。如图2－78所示，为用比例法画出的阀盖零件草图。

首先确定被测零件的最大外形尺寸。如图2－78所示的阀盖，估测其最大外形尺寸为45mm×75mm，先在图纸上画出通孔的中心线和最大外形尺寸端线，再对该零件的各个细节部分的长度用比例法估测画出。

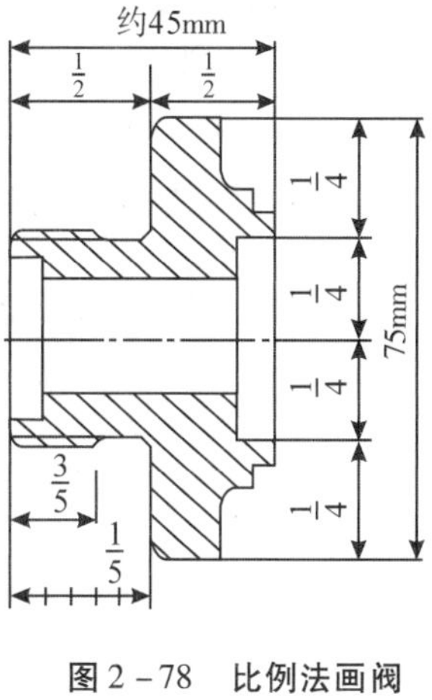

图2－78　比例法画阀盖零件草图

比例法是在画出零件外形最大尺寸的基础上，通过估测零件各线段相对于外形的比例来确定各线段在图上的长度。常用的方法有二分法、三分法和五分法，即将某一被测零件分为二等份、三等份和五等份。

如图 2－78 所示，估计阀盖的总长度为 45mm，而阀盖的盖肩约处在总长度一半的位置，可取总长的 1/2 作盖肩的轮廓线。以此类推，分别估计各点相对于某线段的比例，就可以大致画出零件的轮廓。图 2－78 只给出了部分轮廓的比例，其他部分可依同样办法画出。注意，在实际绘制的过程中，并不需要如图 2－78 所示标出各线段的比例数值。

三、尺寸圆整

由于零件存在着制造误差、测量误差以及使用中的磨损，按实际测量的尺寸往往不成整数。绘制零件工作图时，根据零件的实测尺寸值推断原设计尺寸的过程称为尺寸圆整，包括确定基本尺寸和尺寸公差两方面内容。

尺寸圆整不仅可以简化计算，清晰图面，更重要的是可以采用标准化刀具、量具和标准化配件，提高测绘效率，缩短设计和加工周期，提高劳动生产效率，从而获得良好的经济效益。

在机器测绘中常用两种圆整方法，即设计圆整法和测绘圆整法。本节主要介绍设计圆整法。

设计圆整法是最常用的一种尺寸圆整法，其方法步骤基本上是按设计的程序，即以实测值为基本依据，参照同类产品或类似产品的配合性质及配合类别，确定基本尺寸和尺寸公差。

尺寸圆整首先应进行数值优化，数值优化是指各种技术参数数值的简化和统一，即设计制造中所使用的数值，为国标推荐使用的优先数，数值优化是标准化的基础。

（一）优先数和优先数系

在工业产品的设计和制造中，常常要用到很多数。当选定一个数值作为某产品的参数指标时，这个数值就会按一定的规律向一切有关制品和材料中的相应指标传播。例如，若螺纹孔的尺寸一定，则其相应的丝锥尺寸、检验该螺纹孔的塞规尺寸以及攻丝前的钻孔尺寸和钻头直径也随之而定，这种情况称为数值的传播。

对各种技术参数值进行协调、简化和统一是标准化的重要内容，优先数和优先数系就是对各种技术参数的数值进行协调、简化和统一的科学数值制度。

1. 优先数系的构成

GB/T 321—1980 规定的优先数系是由公比为 $\sqrt[5]{10}$、$\sqrt[10]{10}$、$\sqrt[20]{10}$、$\sqrt[40]{10}$、$\sqrt[80]{10}$，且项值中含有 10 的整数幂的理论等比数列导出的一组近似等比的数列。各数列分别用符号 R5、R10、R20、R40、R80 表示，称为 R5 系列、R10 系列、R20 系列、R40 系列、R80 系列，其中前四个系列是常用的基本系列，如表 2－7 所示，而 R80 则作为补充系列。前四个系列的公比分别为：

$$\text{R5 的公比：} q_5 = \sqrt[5]{10} = 1.584\ 9 \approx 1.58$$

$$\text{R10 的公比：} q_{10} = \sqrt[10]{10} = 1.258\ 9 \approx 1.26$$

$$\text{R20 的公比：} q_{20} = \sqrt[20]{10} = 1.122\ 0 \approx 1.12$$

$$\text{R40 的公比：} q_{40} = \sqrt[40]{10} = 1.059\ 3 \approx 1.06$$

补充系列的公比为：

$$q_{80} = \sqrt[80]{10} = 1.029\ 36 \approx 1.03$$

优先数系中的任一个项值均为优先数，采用等比数列作为优先数系可使相邻两个优先数的相对差相同，且运算方便，简单易记。

按公比计算出的优先数的理论值一般都是无理数，工程上不能直接应用，实际应用的是经过圆整后的常用值和计算值。常用值是经常使用的通常所称的优先数，取三位有效数字；计算值取五位有效数字，供精确计算用。如表 2 - 7 所示，列出了 1 ~ 10 范围内基本系列的常用值。将这些值乘以 10，100，…，或乘以 0.1，0.01，…，即可向大于 1 和小于 1 两边无限延伸，得到大于 10 或小于 1 的优先数。每个优先数系中，相隔 r 项的末项与首项相差 10 倍；每个十进制区间中各有 r 个优先数，如 R5 系列在 1 ~ 10 这个十进制区间有 1、1.6、2.5、4、6.3 这五个优先数。

表 2 - 7　优先数系的基本系列（GB/T 321—1980）

R5	R10	R20	R40	R5	R10	R20	R40	R5	R10	R20	R40
1.00	1.00	1.00	1.00			2.24	2.24			5.00	5.00
			1.06				2.35				5.30
		1.12	1.12	2.50	2.50	2.50	2.50			5.60	5.60
			1.18				2.65				6.00
	1.25	1.25	1.25		2.80	2.80	2.80	6.30	6.30	6.30	6.30
			1.32				3.00				
		1.40	1.40		3.15	3.15	3.15			7.10	7.10
			1.50				3.35				7.50
1.60	1.60	1.60	1.60		3.55	3.55	3.55		8.00	8.00	8.00
			1.70				3.75				8.50
		1.80	1.80	4.00	4.00	4.00	4.00			9.00	9.00
			1.90				4.25	10.00	10.00	10.00	10.00
	2.00	2.00	2.00		4.50	4.50	4.50				
			2.12				4.75				

2. 优先数系的应用举例

（1）用于产品几何参数、性能参数的系列化。

通常，一般机械的主要参数按 R5 或 R10 系列，如立式车床主轴直径、专用工具的主要参数尺寸都按 R10 系列；通用型材、零件及工具的尺寸和铸件壁厚等按 R20 系列；锻压机床吨位采用 R5 系列。

（2）用于产品质量指标分级。

在本课程所涉及的有关标准里，诸如尺寸分段、公差分级及表面粗糙度参数系列等，基本上采用优先数。

选用优先数系基本系列时，应遵守先疏后密的规则，即应当按照 R5、R10、R20、R40 的顺序，优先采用公比较大的基本系列，以免规格过多。设计任何产品，其主要尺寸及参数应有意识地采用优先数，使其在设计时就纳入标准化轨道。

（二）常规设计的尺寸圆整

常规设计是指标准化的设计，它是以方便设计制造和良好的经济性为主。常规设计尺寸圆整时，一般都应将全部实测尺寸按 R10、R20 和 R40 系列圆整成整数，对于配合尺寸按照国家标准圆整成整数。

【例 2－2】实测一对配合孔和轴，孔的尺寸为 ф25. 012mm，轴的尺寸为 ф24. 978mm，测绘后圆整并确定尺寸公差。

解：①根据孔、轴的实测尺寸，据表 2－7 可知，只有 R10 系列的基本尺寸 ф25mm 靠近实测值。

②根据此配合的具体结构可知为基孔制间隙配合，即基准孔为 H。

③从其他资料可知此配合属单件小批生产，而单件小批生产孔、轴尺寸靠近最大实体尺寸（即孔的最小极限尺寸，轴的最大极限尺寸）。所以轴的尺寸 ф25－0. 022 靠近轴的基本偏差。查轴的基本偏差表，ф25mm 所在的尺寸段与－0. 022 靠近的只有 f 的基本偏差为－0. 020mm，即轴的基本偏差代号为 f。

④通过计算可得，ф25mm 轴基本偏差为 f 的公差值 0. 021mm。查标准公差数值表（GB/T1800. 3—1998）得其公差等级为 IT7 级。又根据工艺等价的性质，推出孔的公差等级比轴低一级，为 IT8 级。

综上所述，该孔轴配合的尺寸公差为 25H8/f7。

（三）非常规设计的尺寸圆整

基本尺寸和尺寸公差数值不一定都是标准化数值。尺寸圆整的一般原则是：性能尺寸、配合尺寸、定位尺寸在圆整时，允许保留到小数点后一位；个别重要的和关键性的尺寸，允许保留到小数点后两位；其他尺寸则圆整为整数。

将实测尺寸圆整为整数或带一两位小数时，尾数删除应采用四舍六入五单双法，即尾数删除时，逢四以下舍，逢六以上进，遇五则以保证偶数的原则决定进舍。

例如：19. 6 应圆整成 20（逢六以上进）；25. 3 应圆整成 25（逢四以下舍）；67. 5 和 68. 5 都应圆整成 68（遇五则保证圆整后的尺寸为偶数）。

1. 轴向功能尺寸的圆整

零件的制造和测量误差是由系统误差和随机误差构成的，随机误差符合正态分布曲线。因此当轴向功能尺寸（如参与轴向装配尺寸链的尺寸）圆整时，可假定零件的实际尺寸位于零件公差带的中部，即当尺寸仅有一个实测值时，可将该实测值当成公差中值；同时尽量将基本尺寸按照优先数系圆整成整数，并保证所给公差在 IT9 级以内，公差值采取单向或双向公差。当该尺寸在尺寸链中属孔类尺寸时取单向正公差（如 $30^{+0.052}_{0}$mm）；属轴类尺寸时，取单向负公差（如 $30^{0}_{-0.052}$mm）；属长度尺寸时，采用双向公差（如 30 ±

0.052mm）。

【例2－3】某传动轴的轴向尺寸参与装配尺寸链计算，实测值为84.99mm，试将其圆整。

解：①查表确定基本尺寸为85mm。

②查标准公差数值表，在基本尺寸大于80～120mm，公差等级为IT9的公差值为0.087mm。

③取公差值为0.080mm。

④得圆整方案为85±0.04。

【例2－4】某轴向尺寸参与装配尺寸链计算，实测值为223.95mm，试将其圆整。

解：①确定基本尺寸为224mm。

②查标准公差数值表，在基本尺寸大于180～250mm，公差等级为IT9的公差值为0.115mm。

③取公差值为0.10mm。

④将实测值当成公差中值，得圆整方案为$224_{-0.10}^{\ 0}$。

⑤校核，公差值为0.10mm，在IT9级公差值以内且接近公差值，实测值223.95mm为$224_{-0.10}^{\ 0}$的中值，故该圆整方案合理。

2. 非功能尺寸的圆整

非功能尺寸即一般公差的尺寸（未注公差的线性尺寸），它包含功能尺寸外的所有非配合尺寸。

圆整这类尺寸时，主要是合理确定基本尺寸，保证尺寸的实测值在圆整后的尺寸公差范围之内；并且圆整后的基本尺寸符合国家标准规定的优先数、优先数系和标准尺寸，除个别外，一般不保留小数。例如，8.03圆整为8，30.08圆整为30等。对于另外有其他标准规定的零件直径如球体、滚动轴承、螺纹等，以及其他小尺寸，在圆整时应参照有关标准。

至于这类尺寸的公差，即未注公差尺寸的极限偏差一般规定为IT12级至IT18级。

（四）测绘中的尺寸协调

一台机器或设备通常由许多零件、组件和部件组成，测绘时，不仅要考虑部件中零件与零件之间的关系，而且还要考虑部件与部件之间，部件与组件或零件之间的关系。所以在标注尺寸时，必须把装配在一起的或装配尺寸链中的有关零件的尺寸一起测量，对测出结果加以比较，最后一并确定基本尺寸和尺寸偏差。

第四节　技术要求的确定

在零部件测绘中，除了确定零件的基本尺寸，还要确定零件的表面结构、尺寸公差和形位公差、几何公差、材料选择及热处理等技术要求，并将这些技术要求按照有关国家标准规定的代（符）号或用文字正确地在图样上表示出来。

一、表面结构（GB/T 131—2006）

（一）表面结构的概念

表面结构是表面粗糙度、表面波纹度、表面缺陷、表面几何形状的总称。零件的表面大都受粗糙度、波纹度及形状误差三种表面结构特性的综合影响。这三种表面结构特性的成因不同，对零件功能产生的影响各异，需分别控制及测量。表面粗糙度主要由加工方法形成，如在切削过程中工件加工表面上的刀具痕迹以及切削撕裂时的材料塑性变形等；表面波纹度由机床或工件的挠曲、振动、颤动、形成材料应变等原因引起；表面几何形状一般由机器或工件的挠曲或导轨误差引起。表面粗糙度、波纹度及形状误差对表面的影响如图 2－79 所示。

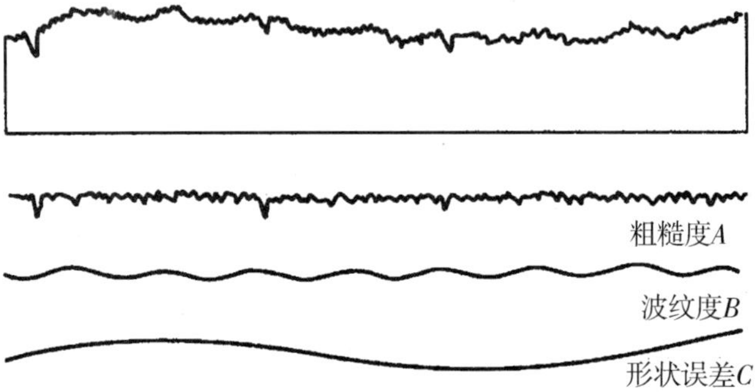

图 2－79　粗糙度、波纹度、形状误差对表面的影响

表面结构特性直接影响机械零件的功能，如摩擦磨损、疲劳强度、接触刚度、冲击强度、密封性能、振动和噪声、镀涂及外观质量等。这些功能直接关系到机械产品的使用性能和工作寿命。一般地，在工程图样上应根据零件功能全部或部分标注零件的表面结构要求。

（二）表面结构的标注

表面结构的标注内容包括表面结构图形符号、表面结构参数以及加工方法等相关信息。

1. *表面结构图形符号*

表面结构图形符号分为基本图形符号、扩展图形符号和完整图形符号。在技术产品文件中对表面结构的要求可用基本图形符号、扩展图形符号和完整图形符号表示。各种图形符号的画法及含义和说明如表 2－8 所示。

2. *表面结构参数*

表面结构参数为表示表面微观几何特性的参数，可分为三组，即轮廓参数、图形参数和基于支承率曲线的参数。这些表面结构参数组已经标准化，标注时，与完整图形符号一起使用。给出表面结构要求时，应标注其参数代号（见表 2－9）和相应数值（查阅相关标准获取）。一般包括以下四项重要信息，即三种轮廓参数（R、W、P）中的某一种（常用的是轮廓算术平均偏差 Ra）、轮廓特征、满足评定长度要求的取样长度的个数、要求的极限值。

表 2－8 表面结构图形符号的画法及含义和说明

名称	符号	含义和说明
基本图形符号	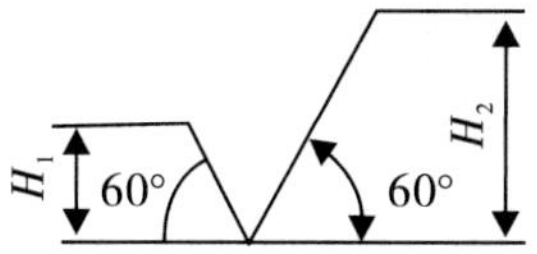	表示对表面结构有要求的图形符号。当不加注粗糙度参数值或有关说明（如表面处理、局部热处理状况等）时，仅适用于简化代号标注。没有补充说明时不能单独使用。$d = h/10$，$H_1 = 1.4h$，$H_2 \approx 2.1H_1$，d 为线宽，h 为字高
扩展图形符号	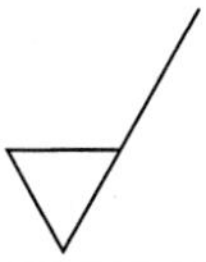	基本符号加一短画，表示表面是用去除材料的方法获得，如车、铣、磨、剪切、抛光、腐蚀、电火花加工、气割等
	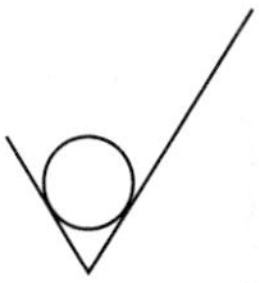	基本符号加一小圆，表示表面是用不去除材料的方法获得，如铸、锻、冲压变形、热轧、冷轧、粉末冶金等。或者是用于保持原状况的表面（包括保持上道工序的状况）
完整图形符号	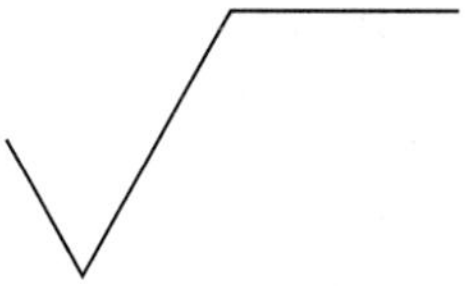	在基本图形符号的长边上加一横线，用于对表面结构有补充要求的标注，允许任何工艺。表面结构的补充要求包括表面结构参数代号、数值、传输带/取样长度等
	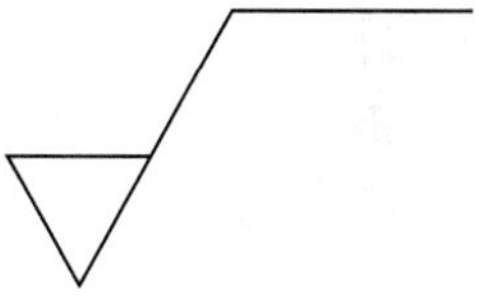	在扩展图形符号的长边上加一横线，用于对表面结构有补充要求的标注，表面是用去除材料的方法获得。表面结构的补充要求包括表面结构参数代号、数值、传输带/取样长度等
	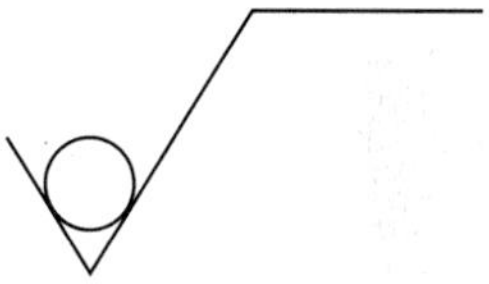	在扩展图形符号的长边上加一横线，用于对表面结构有补充要求的标注，表面是用不去除材料的方法获得。表面结构的补充要求包括表面结构参数代号、数值、传输带/取样长度等

表 2-9　表面结构参数代号

<table>
<tr><td rowspan="5">轮廓参数</td><td rowspan="2"></td><td colspan="9">高度参数</td><td>间距参数</td><td>混合参数</td><td colspan="3">曲线和相关参数</td></tr>
<tr><td colspan="5">峰谷值</td><td colspan="4">平均值</td><td></td><td></td><td colspan="3"></td></tr>
<tr><td>R 轮廓参数（粗糙度参数）</td><td>RP</td><td>Rv</td><td>Rz</td><td>Rc</td><td>Rt</td><td>Ra</td><td>Rq</td><td>Rsk</td><td>Rku</td><td>RSm</td><td>RΔq</td><td>Rmr（c）</td><td>Rδc</td><td>Rmr</td></tr>
<tr><td>W 轮廓参数（波纹度参数）</td><td>Wp</td><td>Wv</td><td>Wz</td><td>Wc</td><td>Wt</td><td>Wa</td><td>Wq</td><td>Wsk</td><td>Wku</td><td>WSm</td><td>WΔq</td><td>Wmr（c）</td><td>Wδc</td><td>Wmr</td></tr>
<tr><td>P 轮廓参数（原始轮廓参数）</td><td>Pp</td><td>Pv</td><td>Pz</td><td>Pc</td><td>Pt</td><td>Pa</td><td>Pq</td><td>Psk</td><td>Pku</td><td>PSm</td><td>PΔq</td><td>Pmr（c）</td><td>Pδc</td><td>Pmr</td></tr>
<tr><td rowspan="3">图形参数</td><td colspan="5"></td><td colspan="10">参数</td></tr>
<tr><td colspan="5">粗糙度轮廓（粗糙度图形参数）</td><td colspan="2">R</td><td colspan="3">Rx</td><td colspan="2">AR</td><td colspan="3"></td></tr>
<tr><td colspan="5">波纹度轮廓（波纹度图形参数）</td><td colspan="2">W</td><td colspan="3">Wx</td><td colspan="2">AW</td><td colspan="3">Wte</td></tr>
<tr><td rowspan="5">基于支承率曲线的参数</td><td colspan="9"></td><td colspan="6">参数</td></tr>
<tr><td rowspan="2">基于线性支承率曲线的参数</td><td colspan="8">粗糙度轮廓参数（滤波器根据 GB/T 18778. 1—2002 选择）</td><td>Rk</td><td>Rpk</td><td>Rvk</td><td>Mr1</td><td colspan="2">Mr2</td></tr>
<tr><td colspan="8">粗糙度轮廓参数（滤波器根据 GB/T 18618—2009 选择）</td><td>Rke</td><td>Rpke</td><td>Rvke</td><td>Mr1e</td><td colspan="2">Mr2e</td></tr>
<tr><td rowspan="2">基于概率支承率曲线的参数</td><td colspan="8">粗糙度轮廓参数（滤波器根据 GB/T 18778. 1—2002 选择）</td><td>Rpq</td><td>Rvq</td><td>Rmq</td><td></td><td colspan="2"></td></tr>
<tr><td colspan="8">原始轮廓滤波器 λs</td><td>Ppq</td><td>Pvq</td><td>Pmq</td><td></td><td colspan="2"></td></tr>
</table>

3. 表面结构标注内容与格式

表面结构标注的内容与格式如图 2-80 所示。

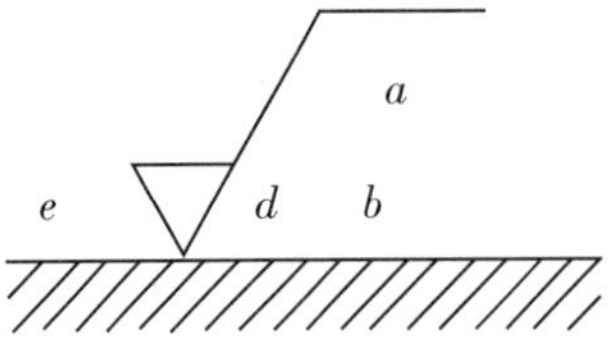

a——注写表面结构的单一要求

*a*和*b*——注写两个或多个表面结构要求

c——注写加工方法

d——注写表面纹理和方向

e——注写加工余量

图 2-80　表面结构标注的内容与格式

4. 表面结构标注示例

表面结构标注的示例如表 2-10 所示。

表 2－10　表面结构标注示例

	标注示例	说明
标准标注	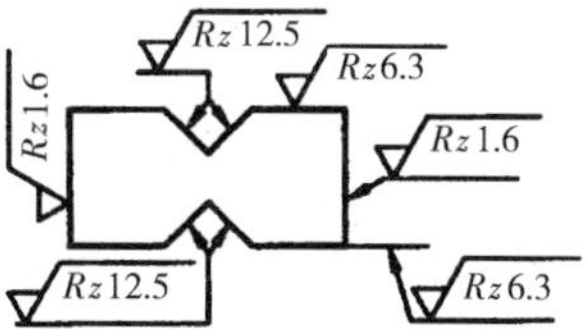	根据 GB/T 4458.4—2003 的规定，要使表面结构的注写和读取方向与尺寸的注写和读取方向一致（朝上或朝左） 表面结构要求可标注在轮廓线上，其符号应从材料外指向并接触表面
标准标注	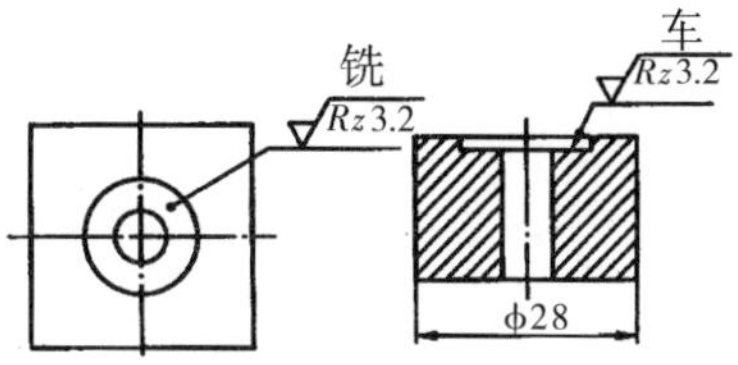	必要时，表面结构符号可用带箭头或黑点的指引线引出标注
	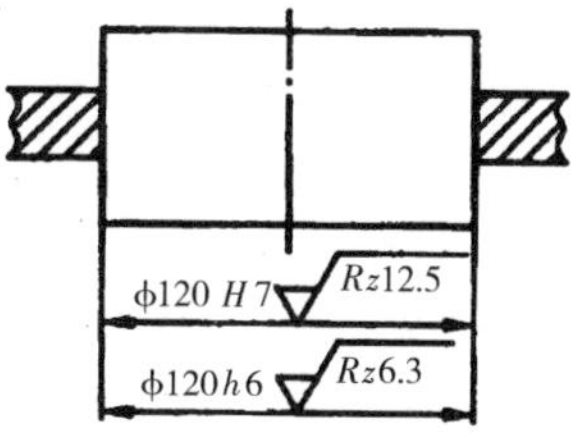	在不致引起误解时，表面结构要求可以标注在给定的尺寸线上
标准标注	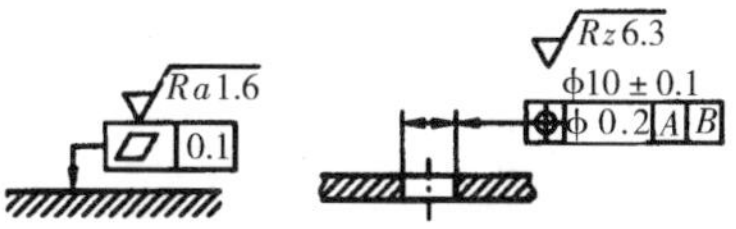	表面结构要求可标注在形位公差框格的上方
	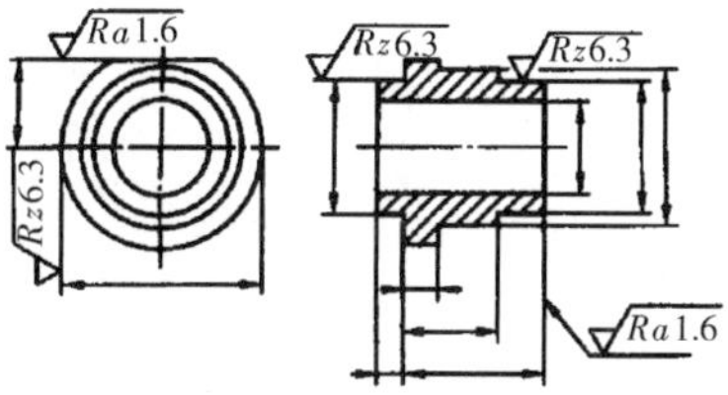	表面结构要求可以直接标注在延长线上，或用带箭头的指引线引出标注
	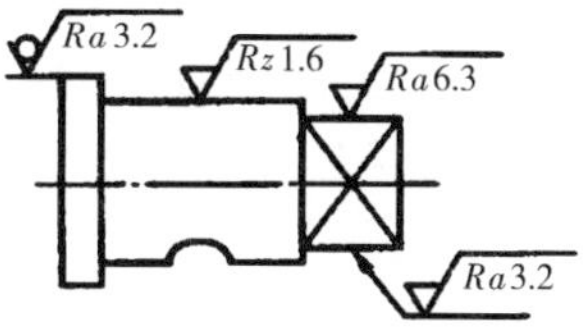	圆柱和棱柱表面的表面结构要求只标注一次。如果每个棱柱表面有不同的表面结构要求，则应分别单独标注

（续上表）

	标注示例	说明
简化标注	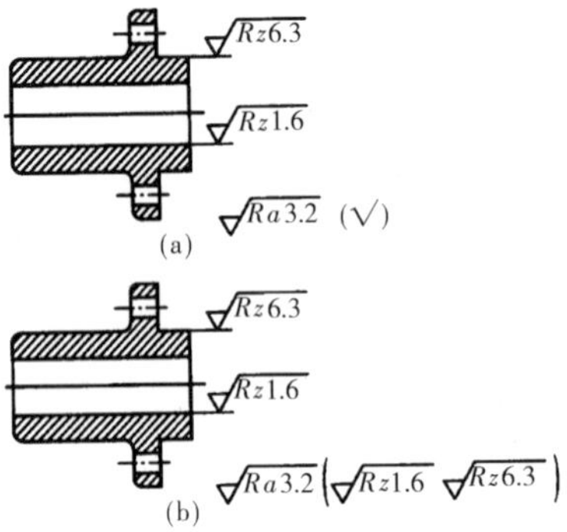 (a) (b)	如果在工件的多数（包括全部）表面有相同的表面结构要求，则其表面结构要求可统一标注在图样的标题栏附近 此时（除全部表面有相同要求的情况外），表面结构要求的符号后面应有： 在圆括号内给出无任何其他标注的基本符号，如图（a） 在圆括号内给出图中已注出的表面结构要求，如图（b）
	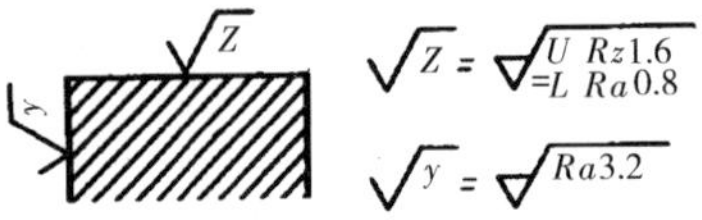	当多个表面具有相同的表面结构要求或图纸空间有限时，可以用带字母的完整符号，以等式的形式在图形或标题栏附近，对有相同表面结构要求的表面进行简化标注

5. 不同加工方法可能达到的表面粗糙度

不同加工方法可能达到的表面粗糙度如表 2 – 11 所示。

表 2 – 11　不同加工方法可能达到的表面粗糙度

加工方法	*Ra* 的数值（第一系列）（μm）													
	0. 012	0. 025	0. 05	0. 10	0. 20	0. 40	0. 80	1. 60	3. 2	6. 3	12. 5	25	50	100
砂模铸造														
金属型铸造														
压力铸造														
热轧														
冷轧														
刨削														
钻孔														
镗孔														

（续上表）

加工方法	Ra 的数值（第一系列）（μm）													
	0. 012	0. 025	0. 05	0. 10	0. 20	0. 40	0. 80	1. 60	3. 2	6. 3	12. 5	25	50	100
铰孔														
滚铣														
端铣														
车外圆														
车端圆														
磨外圆														
磨平面														
研磨														
抛光														

二、尺寸公差的确定

（一）互换性

在成批或大量生产中，规格大小相同的零件或部件，不经选择地任意取一个，可以不必经过其他加工就能装配到产品上去，并达到预期的使用要求（如工作性能、零件间配合的松紧程度等），这就叫具有互换性。由于互换性原则在机器制造中的应用大大地简化了零件、部件的制造和装配过程，产品的生产周期显著缩短，这样不但提高了劳动生产率，降低了生产成本，便于维修，而且也保证了产品质量的稳定性。

为了满足互换性要求，以及提高加工的经济性，图样上常注有公差配合，形状和位置公差等技术要求。设计时，要合理地确定各类公差，才能使所绘制的图样符合生产实际的需要，并适当降低加工成本。

（二）极限的基本概念

1. 基本尺寸、实际尺寸、极限尺寸、偏差和尺寸公差

下面通过尺寸 $\phi100(^{+0.034}_{+0.012})$ 说明以上几个术语。其中 100 称基本尺寸，它是设计人员根据实际使用要求而确定的尺寸。通过基本尺寸和上、下偏差可算出极限尺寸，$100+0.034=100.034$ 和 $100+0.012=100.012$，其中 100. 034 为最大极限尺寸，100. 012 为最小极限尺寸。实际尺寸是指测量所得的某一孔、轴的尺寸，通过此尺寸与图上所注极限尺寸比较，即可判别所制零件是否合格。$\phi100(^{+0.034}_{+0.012})$ 的合格的实际尺寸介于 $\phi100.012$ 至 $\phi100.034$ 之间，不在这个范围内的均不合格。

偏差是某一尺寸减其基本尺寸所得的代数差。当实际尺寸等于极限尺寸时，其偏差为极限偏差，极限偏差有上偏差和下偏差：上偏差为最大极限尺寸减其基本尺寸所得的代数差，即 $100.034-100=+0.034$（孔用 ES，轴用 es 表示）；下偏差为最小极限尺寸减其基本尺寸所得的代数差，即 $100.012-100=+0.012$（孔用 EI，轴用 ei 表示）。

尺寸公差（简称公差）是允许尺寸的变动量，为最大极限尺寸与最小极限尺寸之差，

即 100.034 - 100.012 = 0.022，或上偏差减下偏差之差，即 +0.034 - （+0.012） = 0.022。公差值是没有符号的绝对值。

2. 公差与公差带图

如图 2-81 所示，为轴与孔配合示意图，它表明了上述各术语间的关系。在实际工作中，常将示意图抽象简化为公差带图（见图 2-82）。公差带图中的零线及公差带的定义如下：

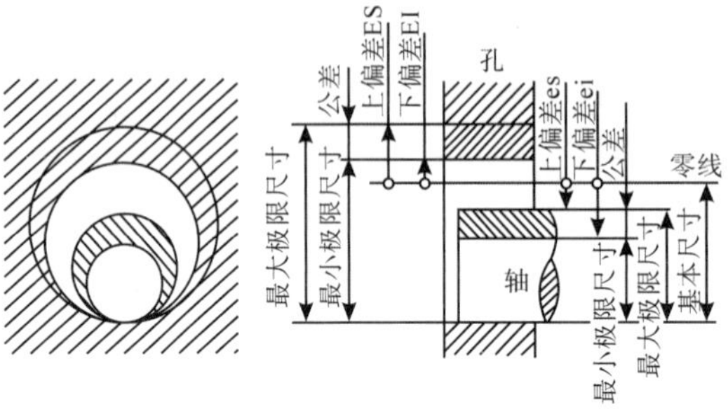

图 2-81　轴与孔配合示意图

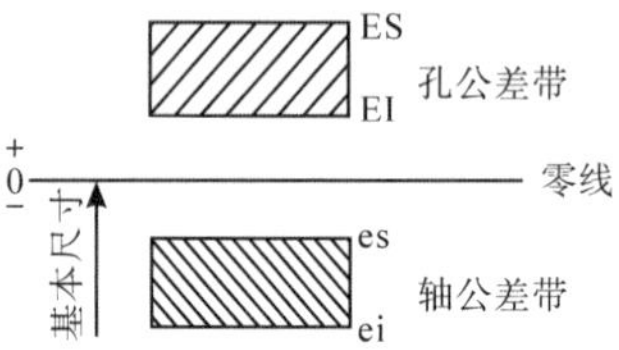

图 2-82　公差带图

（1）零线。零线是表示基本尺寸的一条直线，以此为基准确定偏差和公差。通常将零线水平绘制，正偏差位于其上，负偏差位于其下。

（2）公差带。在公差带图解中，公差带是由代表上偏差和下偏差或最大极限尺寸和最小极限尺寸的两条直线所限定的一个区域。它是由公差大小及相对零线的位置如基本偏差来确定的。

（3）标准公差。标准公差是极限与配合制中所规定的任一公差。标准公差等级代号用符号 IT 和数字组成，如 IT7。公差等级表示尺寸的精确程度。标准公差等级 IT01、IT0、IT1 至 IT18 共 20 级。随着公差等级数字的增大，尺寸的精确程度依次降低，公差数值依次增大。其中 IT01 级最高，IT18 级最低。IT01 至 IT12 用于配合尺寸，IT13 至 IT18 用于非配合尺寸。如表 2-12 所示，列出了基本尺寸至 1 000mm 的标准公差数值。

公差等级常用类比法。类比各个公差等级的应用范围和根据各种加工方法所能达到的公差等级来选取。

用类比法确定公差等级，基本原则是满足使用要求的前提下，尽量选择低的公差等级。并考虑以下方面综合确定：

① 被测零件要求精度高、被测部位重要、配合表面粗糙度小，则被测零件公差等级就高；反之则公差等级就低。

② 考虑孔和轴的工艺等价性。当基本尺寸≤500mm 的配合，公差等级≤IT8 时推荐选择轴的公差等级比孔的公差等级高一级，当公差等级 >IT8 或是基本尺寸 >500mm 的配合时，推荐孔和轴公差等级相同。

表 2－12　标准公差数值（GB/T 1800.1—2009 摘录）

基本尺寸（mm）		标准公差等级																	
		IT1	IT2	IT3	IT4	IT5	IT6	IT7	IT8	IT9	IT10	IT11	IT12	IT13	IT14	IT15	IT16	IT17	IT18
大于	至	（μm）											（mm）						
	3	0.8	1.2	2	3	4	6	10	14	25	40	60	0.10	0.14	0.25	0.40	0.60	1.0	1.4
3	6	1	1.5	2.5	4	5	8	12	18	30	48	75	0.12	0.18	0.30	0.48	0.75	1.2	1.8
6	10	1	1.5	2.5	4	6	9	15	22	36	58	90	0.15	0.22	0.36	0.58	0.90	1.5	2.2
10	18	1.2	2	3	5	8	11	18	27	43	70	110	0.18	0.27	0.43	0.70	1.10	1.8	2.7
18	30	1.5	2.5	4	6	9	13	21	33	52	84	130	0.21	0.33	0.52	0.84	1.30	2.1	3.3
30	50	1.5	2.5	4	7	11	16	25	39	62	100	160	0.25	0.39	0.62	0.001	1.60	2.5	3.9
50	80	2	3	5	8	13	19	30	46	74	120	190	0.30	0.46	0.74	1.20	1.90	3.0	4.6
80	120	2.5	4	6	10	15	22	35	54	87	140	220	0.35	0.54	0.87	1.40	2.20	3.5	5.4
120	180	3.5	5	8	12	18	25	40	63	100	160	250	0.40	0.63	1.00	1.60	2.50	4.0	6.3
180	250	4.5	7	10	14	20	29	46	72	115	185	290	0.46	0.72	1.15	1.85	2.90	4.6	7.2
250	315	6	8	12	16	23	32	52	81	130	210	320	0.52	0.81	1.30	2.10	3.20	5.2	8.1
315	400	7	9	13	18	25	36	57	89	140	230	360	0.57	0.89	1.40	2.30	3.60	5.7	8.9
400	500	8	10	15	20	27	40	63	97	155	250	400	0.63	0.97	1.55	2.50	4.00	6.3	9.7
500	630	9	11	16	22	30	44	70	110	175	280	440	0.70	1.10	1.75	2.80	4.40	7.0	11.0
630	800	10	13	18	25	35	50	80	125	200	320	500	0.80	1.25	2.00	3.20	5.00	8.0	12.5
800	1 000	11	15	21	29	40	56	90	140	230	360	560	0.90	1.40	2.30	3.60	5.60	9.0	14.0

（4）基本偏差。基本偏差是国家标准规定的用以确定公差带相对于零线位置的上偏差或下偏差，一般为靠近零线的那个偏差。孔和轴分别规定了 28 个基本偏差，其代号用拉丁字母（一个或两个）按顺序表示，大写的字母表示孔的基本偏差代号，小写的字母表示轴的基本偏差代号。如图 2－83 所示，为孔和轴的基本偏差系列。

根据基本尺寸可从标准表中查得孔和轴的基本偏差数值，再根据标准公差即可计算孔、轴的另一偏差。

（5）公差带代号孔。轴的公差带代号用基本偏差代号与公差等级数字表示。孔的基本偏差代号用大写拉丁字母表示，如 H8、F8、K7、P7 等；轴的基本偏差代号用小写拉丁字母表示，如 h7、f7、k6、p6 等。

（6）极限偏差表。当基本尺寸确定后，根据零件配合的要求选定基本偏差和公差等级，即可根据孔或轴的基本尺寸、基本偏差和公差等级由极限偏差表上查得孔或轴的极限偏差值。

如孔 ϕ60H8，根据基本偏差系列可知：其基本偏差为零，查标准公差表，在基本尺寸大于 50～80 行中查公差带 IT8，得 0.046，此即孔的公差，标注为 $\phi60\,(^{+0.046}_{\ 0})$。

如轴 ϕ60h7，根据基本偏差系列可知：其基本偏差为零，查标准公差表，在基本尺寸大于 50 ~ 80 行中查公差带 IT7，得 0.030，此即轴的公差，标注为 $\phi60\left(^{\ 0}_{-0.030}\right)$。

基本偏差不为零的孔和轴，要通过查极限偏差表来确定其极限偏差。

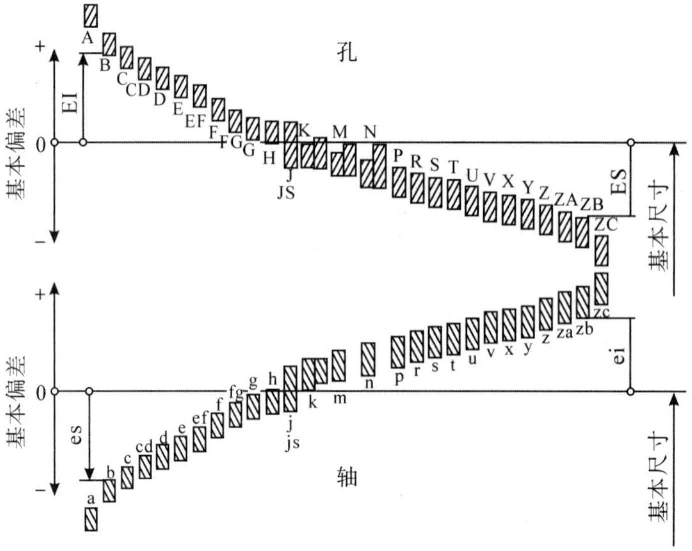

图 2－83　孔和轴的基本偏差系列

3. 配合的概念

配合是基本尺寸相同的、相互结合的孔和轴公差带之间的关系。

（1）配合。

因为孔和轴的实际尺寸不同，装配后可能出现不同的松紧程度，即出现“间隙”或“过盈”。当孔的尺寸减去相配合的轴的尺寸之差为正时是间隙，为负时是过盈。

根据零件间的要求，国家标准将配合分为三类：

①间隙配合。间隙配合是具有间隙（包括最小间隙等于零）带在轴的公差带之上。如图 2－84（a）所示。

②过盈配合。过盈配合是具有过盈（包括最小过盈等于零）带在轴的公差带之下。如图 2－84（b）所示。

③过渡配合。过渡配合是可能具有间隙或过盈的配合。此时，孔的公差带与轴的公差带相互交叠。如图 2－84（c）所示。

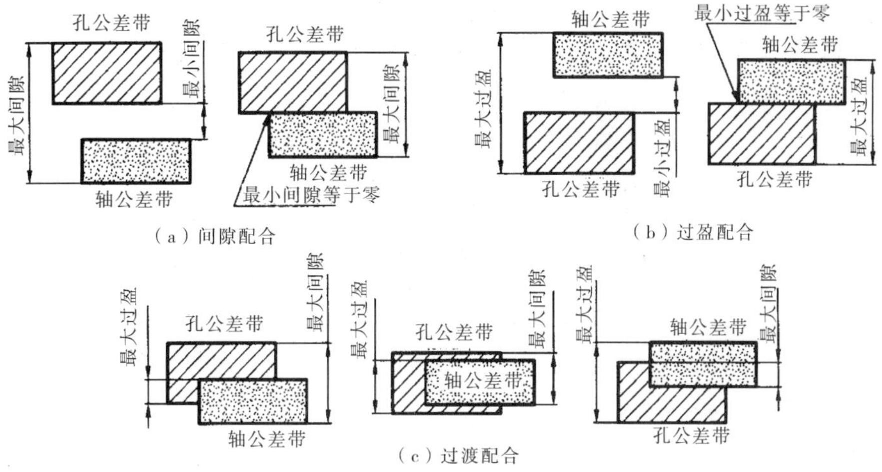

图 2－84　配合的种类

（2）配合代号。

用孔、轴公差带代号组合表示，写成分数形式，分子为孔的公差带代号，分母为轴的公差带代号，如 H7/g6。

如孔和轴的配合 ϕ30H7/p6，可分别查孔的极限偏差表 ϕ30H7 和轴的极限偏差表 ϕ30p6 得：孔 ϕ30H7 $\left({}^{+0.021}_{0}\right)$；轴 ϕ30p6 $\left({}^{+0.035}_{+0.025}\right)$。由其偏差值可知这对配合为过盈配合。

（3）配合制。

在制造互相配合的零件时，使其中一种零件作为基准件，它的基本偏差固定，通过改变另一种非基准件的偏差来获得各种不同性质的配合制度称为配合制。根据生产实际需要，国家标准规定了两种配合制。

①基孔制配合。基本偏差为一定的孔的公差带，与不同基本偏差的轴的公差带形成各种配合的一种制度。基孔制配合的孔称为基准孔，其基本偏差代号为 H，下偏差为零，即它的最小极限尺寸等于基本尺寸。

②基轴制配合。基本偏差为一定的轴的公差带，与不同基本偏差的孔的公差带形成各种配合的一种制度。基轴制配合的轴称为基准轴，其基本偏差代号为 h，上偏差为零，即它的最大极限尺寸等于基本尺寸。

（4）优先和常用配合。

国家标准根据产品生产使用的需要，将孔、轴公差带分为优先、常用和一般用途公差带，并由孔、轴优先和常用公差带，分别组成基孔制和基轴制的优先配合和常用配合（GB/T 1801—2009），以便选用。如表 2－13 所示，列出了基孔制和基轴制的不同优先配合。

表 2－13　基孔制、基轴制优先配合

	基孔制优先配合	基轴制优先配合
间隙配合	$\frac{H7}{g6}$、$\frac{H7}{h6}$、$\frac{H8}{f7}$、$\frac{H8}{h7}$、$\frac{H9}{h9}$、$\frac{H11}{c11}$、$\frac{H11}{h11}$	$\frac{G7}{h6}$、$\frac{H7}{h6}$、$\frac{F8}{h7}$、$\frac{H8}{h7}$、$\frac{D9}{h9}$、$\frac{H9}{h9}$、$\frac{C11}{h11}$、$\frac{H11}{h11}$

（续上表）

	基孔制优先配合	基轴制优先配合
过渡配合	$\frac{H7}{k6}$、$\frac{H7}{n6}$	$\frac{K7}{h6}$、$\frac{N7}{h6}$
过盈配合	$\frac{H7}{p6}$、$\frac{H7}{s6}$、$\frac{H7}{u6}$	$\frac{P7}{h6}$、$\frac{S7}{h6}$、$\frac{U7}{h6}$

4. 极限与配合在图样上的标注

对有公差与配合要求的尺寸，在基本尺寸后应注写公差带代号或极限偏差值。

零件图上可注公差带代号或极限偏差值，亦可两者都注，例如：

孔：$\phi30H7$ 或 $\phi30\left(^{+0.021}_{\ \ 0}\right)$ 或 $\phi30H7\left(^{+0.021}_{\ \ 0}\right)$。

轴：$\phi30p6$ 或 $\phi30\left(^{+0.035}_{+0.025}\right)$ 或 $\phi30p6\left(^{+0.035}_{+0.025}\right)$。

装配图上一般标注配合代号，例如：

孔和轴装配后：$\phi30H7/p6$ 或 $\phi30\frac{H7}{p6}$。

如表 2－14 所示，列举了图样上标注极限与配合的实例。标注极限偏差时，下偏差应与基本尺寸注在同一底线上，上偏差注在下偏差上方，偏差数值比基本尺寸数字的字号要小一号，偏差数值前必须注出正负号（偏差为零时例外，但也要用“0”注出）。上、下偏差的小数点必须对齐，小数点后右端的“0”一般不予注出，如果为了上、下偏差值的小数点后的位数相同，可以用“0”补齐。极限偏差数值可由极限偏差数值表查得，表中所列的数值单位为微米（μm），标注时必须换算成毫米（mm）。

表 2－14　极限与配合标注

装配图		零件图	
基孔制	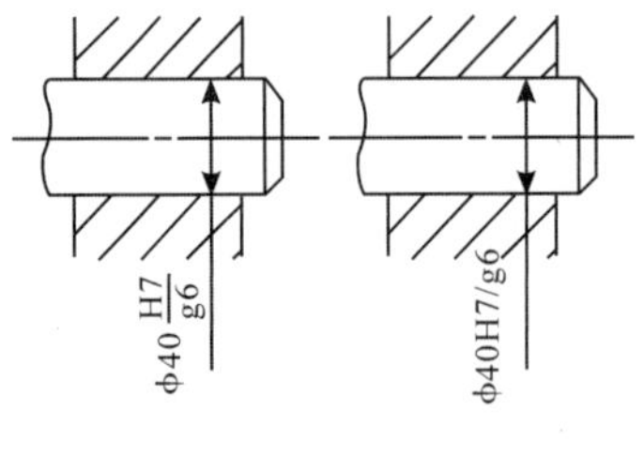	基准孔	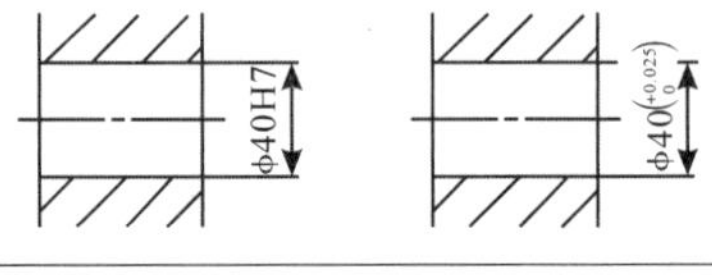
		轴	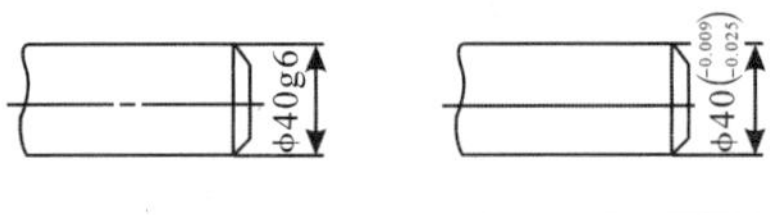
基轴制	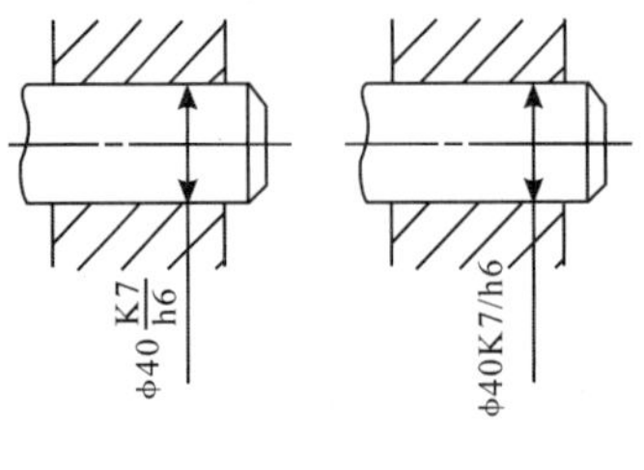	基准轴	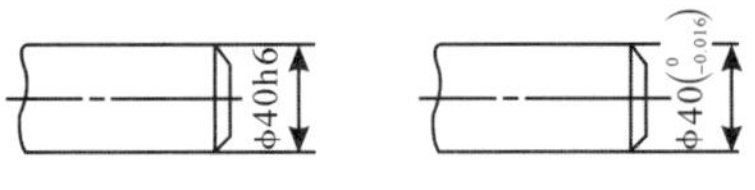
		孔	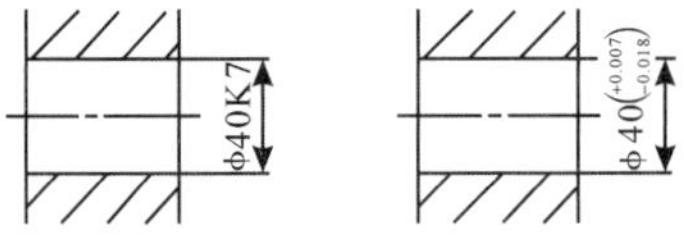

（续上表）

装配图	零件图
在装配图上一般标注配合代号，以上两种形式在图上均可标注。例如，$\phi40\frac{H7}{g6}$表示孔为公差等级7级的基准孔，轴的公差等级为6级，基本偏差代号为gt；$\phi40\frac{K7}{h6}$表示轴为公差等级6级的基准轴，孔的公差等级为7级，基本偏差代号为K	零件图上一般标注偏差数值或标注公差带代号，也可在公差带代号后用括号加注偏差值

若上、下偏差的数值相同而符号相反时，则在基本尺寸后加注“ ± ”号，再填写一个数值，其数字大小与基本尺寸数字的大小相同。

零件图上对零件的非配合尺寸一般不标注公差，也称自由公差，其精度一般低于IT12级。

三、几何公差的标注（GB/T 1182—2008）

几何公差包括形状、方向、位置和跳动公差，是指零件的实际几何特征对理想几何特征的允许变动量。机器中某些精确程度较高的零件不仅需要保证其尺寸公差，而且还要保证其几何公差。对一般零件来说，它的几何公差可由尺寸公差、加工机床的精度等加以保证。对要求较高的零件，则根据设计要求，需在零件图上注出有关的几何公差。

（一）几何公差的特征、符号

几何公差的几何特征、符号如表2－15所示。

表2－15　几何公差的几何特征、符号

公差	几何特征	符号	有无基准要求
形状公差	直线度	—	无
	平面度	▱	无
	圆度	○	无
	圆柱度	⌭	无
	线轮廓度	⌒	有或无
	面轮廓度	⌓	有或无
方向公差	平行度	//	有
	垂直度	⊥	有
	倾斜度	∠	有
	线轮廓度	⌒	有或无
	面轮廓度	⌓	有或无
位置公差	位置度	⌖	有或无
	同心度（用于中心点）	◎	有
	同轴度（用于轴线）	◎	有
	对称度	⌯	有
	线轮廓度	⌒	有或无
	面轮廓度	⌓	有或无
跳动公差	圆跳动	↗	有
	全跳动	⌰	有

（二）几何公差框格

几何公差要求在矩形方框中给出，该方框由两格或多格组成。框格中的内容按从左到右顺序标注，如图2－85所示。

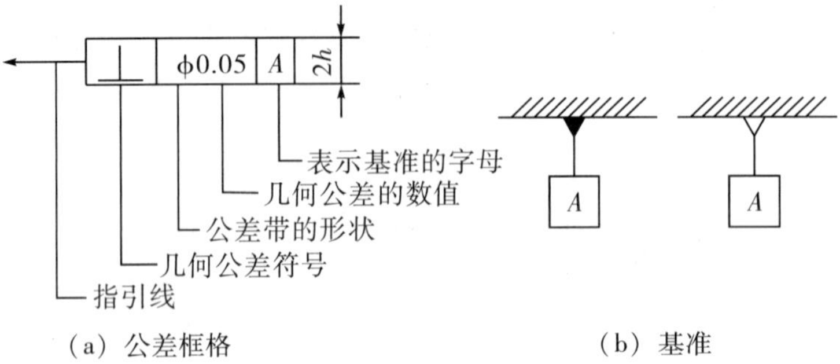

图2－85　公差框格及基准

（三）几何公差标注示例

如图2－86所示，是一轴套，从图上的几何公差标注可知：

（1）$\phi160(^{-0.043}_{-0.068})$ 圆柱表面对 $\phi85(^{-0.010}_{-0.025})$ 圆孔轴线的圆跳动公差为0.03mm。

（2）$\phi150(^{-0.043}_{-0.068})$ 圆柱表面对 $\phi85(^{-0.010}_{-0.025})$ 圆孔轴线的圆跳动公差为0.02mm。

（3）厚度为20mm的安装板左端面对 $\phi150(^{-0.043}_{-0.068})$ 圆柱面轴线的垂直度公差为0.03mm。

（4）安装板右端面对 $\phi160(^{-0.043}_{-0.068})$ 圆柱面轴线的垂直度公差为0.03mm。

（5）$\phi125(^{+0.025}_{0})$ 圆孔的轴线对 $\phi85(^{-0.010}_{-0.025})$ 圆孔轴线的同轴度公差为 $\phi0.05$mm。

（6）$5\times\phi21$ 孔是由与基准 C 同轴的直径尺寸 $\boxed{\phi210}$ 确定，且均匀分布的理想位置的位置度公差为 $\phi0.125$mm。

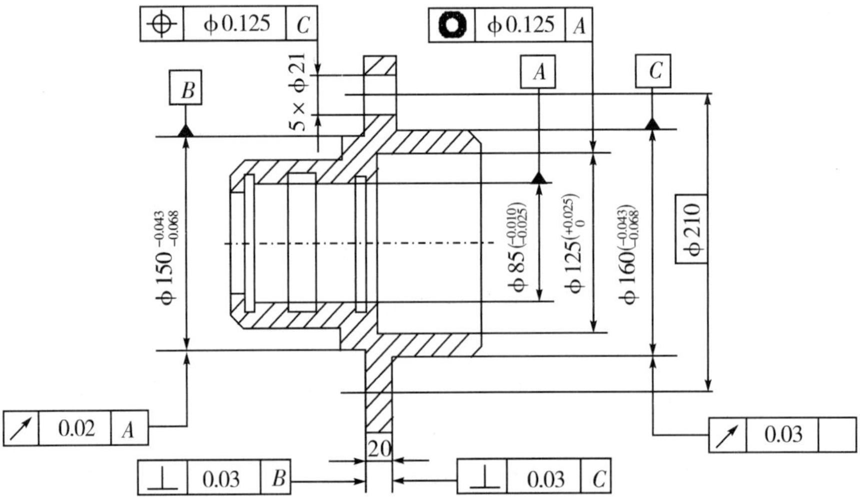

图2－86　轴套几何公差标注

四、零件的材料与热处理

测绘中对零件材料的确定是一项重要内容。对零件材料的确定通常有类比法、火花鉴别法、化学分析法、光谱分析法、金相组织观察法和被测件表面硬度的测定等方法。

测绘中，对一般用途的零件，可参照应用场合雷同的零件材料选取，或查阅有关图纸、材料手册等来确定零件材料。下面是机械制图零部件测绘中常用零件的材料与热处理。

（一）轴的材料与热处理

轴上通常要安装一些带轮毂的零件，因此要求轴的材料有良好的综合机械性能，轴常采用中碳钢和中碳合金钢。具体如表 2－16 所示。

表 2－16　轴的材料与热处理

工作条件	材料与热处理
用滚动轴承支承	45、40Cr，调质 200～250HBS；50Mn，正火或调质 270～323HBS
用滑动轴承支承，低速轻载或中载	45，调质 225～255HBS
用滑动轴承支承，速度稍快，轻载或中载	45、50、40Cr、42MnVB，调质 228～255HBS；轴径表面淬火，45～50HRC
用滑动轴承支承，速度较快，中载或重载	40Cr，调质 228～255HBS；轴径表面淬火，≥54HRC
用滑动轴承支承，高速中载	20、20Cr、20MnVB，轴径表面渗碳，淬火、低温回火，58～62HRC
用滑动轴承支承，高速重载，冲击和疲劳应力都高	20CrMnTi，轴径表面渗碳，淬火、低温回火，≥59HRC
用滑动轴承支承，高速重载，精度很高（≤0.003mm），承受很高疲劳应力	38CrMoAlA，调质 248～286HBS，轴径渗氮≥900HV

（二）齿轮的材料与热处理

齿轮工作时通过齿面接触传递运动和动力，两齿面相互啮合，既有滚动，又有滑动。机械性能方面要求齿轮材料具有高的疲劳强度和抗拉强度、高的表面硬度和耐磨性、适当的心部强度和足够的韧性。如表 2－17 所示。

（三）箱体类零件的材料与热处理

箱体类零件是机器及部件的基础件，它将机器及部件中的轴、轴承和齿轮等零件按一定的相互位置关系装配成一个整体，并按预定传动关系协调其运动。箱体类常见零件有：机床上的主轴箱、变速箱、进给箱和溜板箱，内燃机缸体和缸盖、泵壳、床身、变速机箱体。主要受压应力，也受一定的弯曲应力和冲击力。因此要求具有足够的刚度、抗拉强度和良好的减震性。具体如表 2 - 18 所示。

铸造或箱体毛坯中的残余应力会使箱体产生变形。为了保证箱体加工后精度的稳定性，对箱体毛坯或粗加工后要用热处理的方法消除残余应力，减少变形。常用的热处理措施有以下三类：

（1）热时效。铸件在 500℃ ~600℃下退火，可以大幅度地降低或消除铸造箱体中的残余应力。

（2）热冲击时效。将铸件快速加热，利用其产生的热应力与铸造残余应力叠加，使原有残余应力松弛。

（3）自然时效。自然时效和振动时效可以提高铸件的松弛刚性，使铸件的尺寸精度稳定。

表 2 - 17　齿轮的材料与热处理

工作条件	材料与热处理
低速轻载	45，调质 200 ~ 250HBS
低速中载，如标准系列减速器齿轮	45、40Cr，调质 200 ~ 250HBS
低速重载或中速中载，如车床变速箱中的次要齿轮	45，表面淬火，350℃ ~370℃中温回火，齿面硬度40 ~ 45HRC
中速重载	40Cr、40MnB，表面淬火，中温回火，齿面硬度 45 ~ 50HRC
高速轻载或中载，有冲击的小齿轮	20、20Cr、20CrMnVB，渗碳，表面淬火，低温回火，齿面硬度 52 ~ 62HRC；38CrMoAl，渗氮，渗氮深度 0.5mm，齿面硬度 50 ~ 55HRC
高速中载，无猛烈冲击，如车床变速箱中的齿轮	20CrMnTi，渗碳，淬火、低温回火，齿面硬度 56 ~ 62HRC
高速中载，模数 >6mm	20CrMnTi，渗碳，淬火、低温回火，齿面硬度 52 ~ 62HRC
高速中载，模数 <5mm	20Cr、20Mn2B，渗碳，淬火、低温回火，齿面硬度 52 ~ 62HRC
大直径齿轮	ZG340 ~ 640，正火，180 ~ 220HBS

表 2－18　箱体类零件的材料与热处理

工作条件	材料与热处理
受力较大，要求高的抗拉强度、高韧性（或在高温高压下工作）	铸钢
受力不大，且受静压力，不受冲击	灰铸铁 HT150、HT200
相对运动件（有摩擦、易磨损）；抗拉强度要求较高	灰铸铁 HT250 或孕育铸铁 HT300 或 HT350
受力不大，要求轻且热导性好的小型箱体件	铝合金铸造 ZAlSi5CulMg（ZL105）、ZAlCu5Mn（ZL201）
受力小，耐蚀的轻件	工程塑料，ABS 有机玻璃、尼龙
受力较大，形状简单件或单件	型钢焊接 Q235 或 45 钢

【本章思考题】

1. 测量误差主要有哪几种？各有什么特点？

2. 试述游标卡尺的基本组成及使用方法。

3. 试述百分尺的工作原理及读数方法。

4. 实测一轴的直径尺寸为 24.978mm，轴向长度为 84.99mm，测绘后按常规设计圆整。

5. 螺纹的线数和旋向是如何判断的？

6. 直齿圆柱齿轮的主要参数有哪些，是如何测量的？

7. 徒手绘图练习。

（1）绘制图 2－87 中轴测图的三面投影，图中的孔均为通孔。

（2）补上图 2－88 中三面投影中漏掉的线，再画出轴测图。

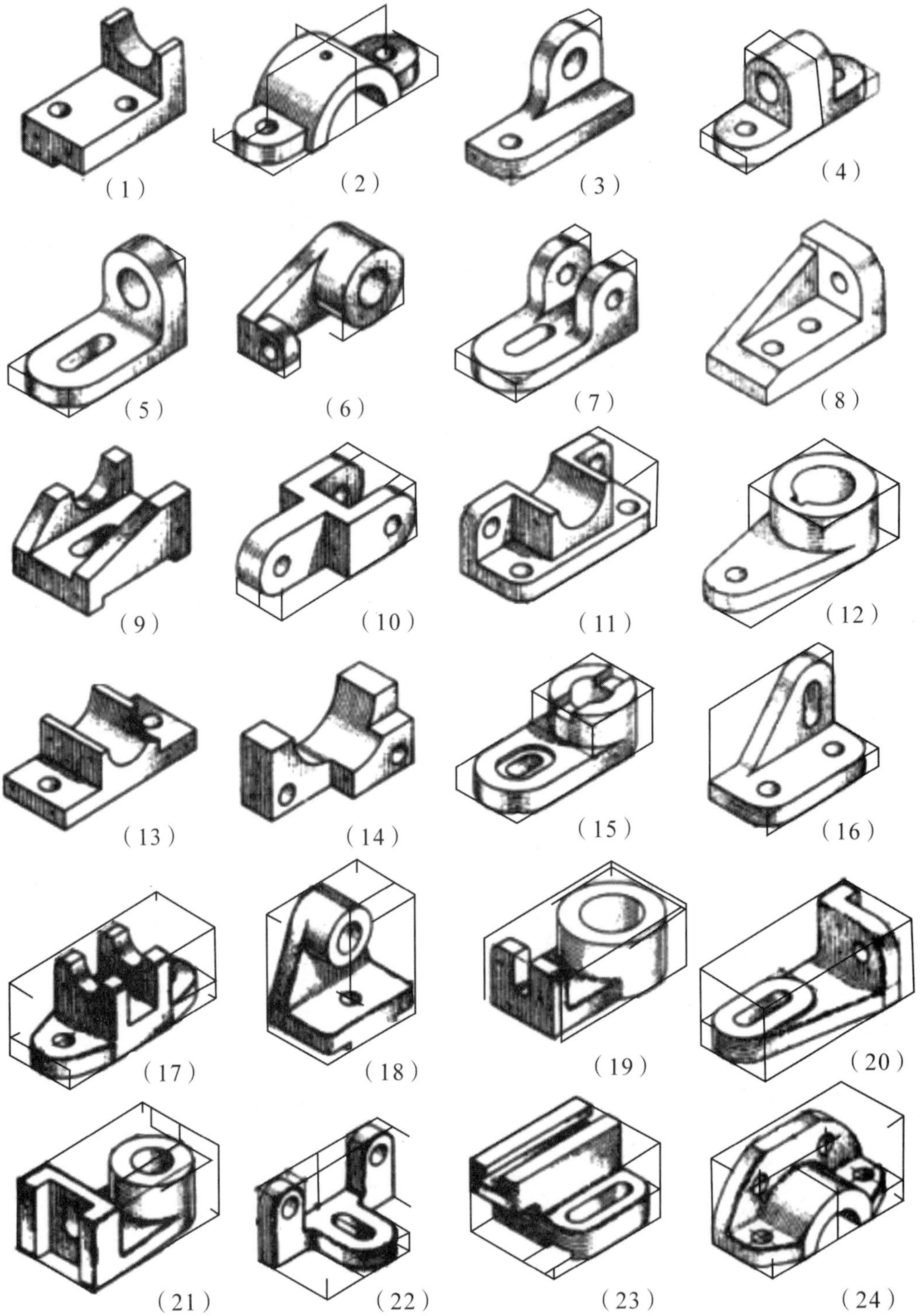

图 2－87 轴测图

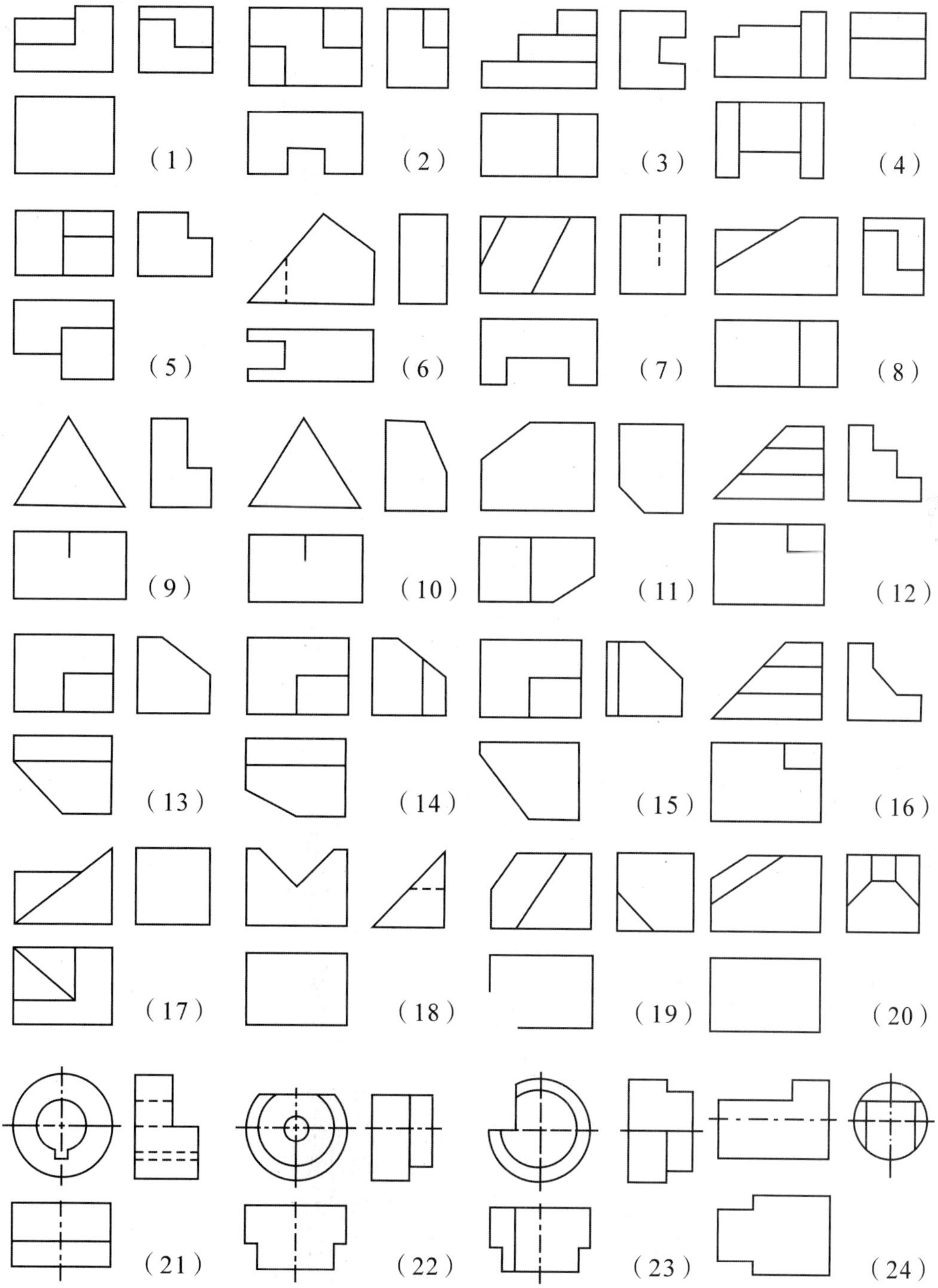

图 2－88　三面投影

第三章　典型零件的测绘

零件是组成机器或部件的不可拆卸的最小单元，其结构形状千差万别，表达方法也不尽相同。为了更好地掌握零件测绘过程中不同表达方法的特点，本章将一些结构形状类似、表达方法和尺寸标注有一些共同点的非标准零件进行必要的分类，分别讨论。

根据零件的功用与主要结构，将零件分为轴套类零件、轮盘类零件、支架（叉架）类零件和箱体类零件。零件测绘时，应把握两个基本要求：一是确保零件测绘的准确性；二是还原零件的原形特征。按照零件测绘的流程，本章以几个实例详细介绍零件测绘的方法和步骤。

第一节　轴套类零件的测绘

一、轴套类零件的作用与结构

轴套类零件是轴类零件和套类零件的统称，是机械部件上的重要零件之一。轴套类零件在机器或部件中用来安装、支承回转零件（如齿轮、皮带轮等），并传递动力，同时又通过轴承与机器的机架连接起到定位作用。

轴套类零件的结构特征：轴类零件主要由同轴圆柱体、圆锥体等回转体组成，长度远大于直径。零件上常有台阶、螺纹、键槽、退刀槽、砂轮越程槽、销孔、中心孔、倒角和倒圆等结构。套类零件通常是长圆筒状，内孔和外表面常加工有越程槽、油孔、键槽等结构，内、外端面均有倒角。

二、轴套类零件的视图选择

（1）轴套类零件的主体为回转体，常用一个基本视图来表达。零件水平放置，大头在左或按工作位置放置，尽量把孔、槽的外形朝向视线，以便表达出它们的外轮廓形状。

（2）轴套类零件的其他结构形状如键槽、退刀槽、砂轮越程槽和螺纹孔等，可以用剖视、断面、局部视图和局部放大图等加以补充。对形状简单且较长的零件还可以采用折断的方法表示。

（3）重要的退刀槽、圆角等细小结构，常用局部放大图表达。

（4）实心轴没有剖开的必要，但轴上个别部分的内部结构形状可以采用局部剖视。对空心套则需要剖开表达它的内部结构形状；外部结构形状简单的可采用全剖视；外部较复杂则采用半剖视（或局部剖视）；内部简单的也可不剖或采用局部剖视。

如图 3－1 所示，为轴的零件草图，采用一个基本视图加上一系列尺寸，就能表达轴的主要形状及大小。对于轴上的键槽等，采用移出断面图，既表达了它们的形状，又便于标注尺寸。

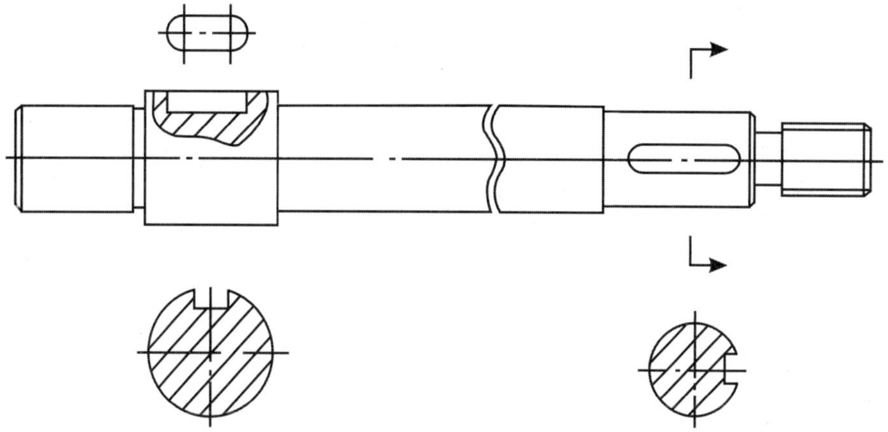

图 3－1　轴视图表达

三、轴套类零件的尺寸标注

（1）轴套类零件的尺寸分径向尺寸和轴向尺寸。径向尺寸表示轴上各回转体的直径，它以水平放置的轴线作为径向尺寸基准。

（2）功能尺寸必须直接标注出来，其余尺寸多按加工顺序标注。

（3）为了清晰和便于测量，在剖视图上，内外结构形状的尺寸应分开标注。

（4）零件上的标准结构（倒角、退刀槽、越程槽、键槽）较多，应按该结构标准的尺寸标注。对平键和键槽各部分尺寸的规定，其他已标准化结构的标注形式及标准代号、结构尺寸可查阅有关技术资料。

四、轴套类零件的材料和技术要求

（一）轴类零件的材料

（1）不太重要或受力较小的轴可用 Q255、Q275 等碳素结构钢。

（2）受力较大、强度要求高的轴可用 40Cr 钢，调质处理硬度达到 230～240HBS 或淬火至 35～42HRC。

（3）高速、重载条件下的轴，选用 20Cr、20CrMnTi、20Mn2B 等合金结构钢，经渗碳淬火或渗氮处理，获得高表面硬度。

（二）套类零件的材料

（1）套类零件一般用钢、铸铁、青铜或黄铜制造。

（2）孔径小的套筒，一般选用热轧或冷拉棒料。孔径大的套筒，常用无缝钢管或带孔削铸、锻件。

（三）轴类零件的技术要求

（1）尺寸精度：主要轴颈支承轴段（支承轴段或有装配关系的轴段）直径尺寸精度 IT6 ~ IT9 级，精密轴段可选 IT5 级。

（2）几何精度：由于两个支承轴颈是轴的装配基准，所以通常对两个支承轴颈有圆度、圆柱度等要求。

（3）相互位置精度：对两个支承轴颈的同轴度要求是基本要求，另外还常有其他配合轴对两个支承轴颈的同轴度要求，以及轴向定位端面与轴线的垂直度要求。为了便于测量，也应用圆跳动表示。

（4）表面粗糙度：一般支承轴颈的表面粗糙度为 *Ra*0.4 ~ 1.6，配合轴颈的表面粗糙度为 *Ra*1.6 ~ 3.2，接触表面的表面粗糙度为 *Ra*3.2 ~ 6.3。

（四）套类零件的技术要求

（1）套类零件孔的直径尺寸公差一般为 IT7 级，精密轴套孔为 IT6 级。形状公差（通常为圆度）一般为尺寸公差的 1/3。长套筒还应标注孔轴线的直线度公差。孔的表面粗糙度为 *Ra*0.8 ~ 1.6，精密套筒可达 *Ra*0.4。

（2）外圆表面通常是套类零件的支承表面，常用过盈配合或过渡配合与箱体、机架上的孔连接。外径尺寸公差一般为 IT6 ~ IT7 级，表面粗糙度为 *Ra*1.6 ~ 3.2。

（3）若孔的最终加工是在装配后进行的，套筒内外圆的同轴度要求较低；若孔的最终加工是在装配前完成，则套筒内外圆同轴度要求一般为 0.01 ~ 0.05。

五、轴套类零件测绘举例

测绘如图 3 – 2 所示的泵套零件。

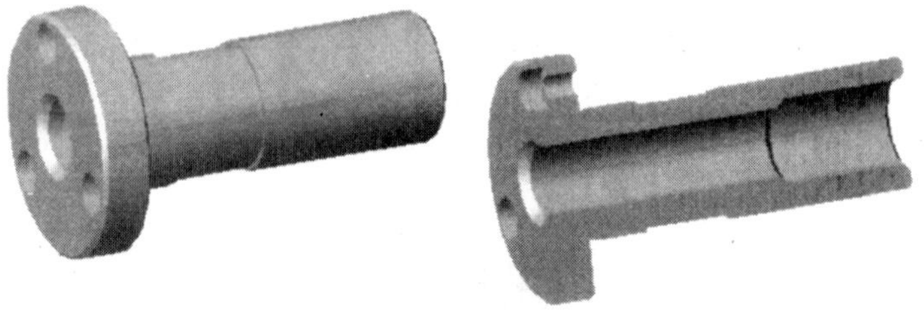

图 3 – 2　泵套零件

（一）测绘步骤

1. 对泵套进行了解和分析

泵套是油泵上的一个零件，用来支承传动轴，并起到减小摩擦的作用。其内孔与轴配合，外圆表面与泵座孔相配合，法兰盘上面有三个均匀分布的螺钉孔。结构特点是其由不同轴径的空心圆柱构成，外表面有越程槽结构，孔口处及两外端面均有倒角。

2. 绘制泵套草图

（1）确定泵套的表达方案。采用全剖视的主视图表达零件的内部结构特征，采用简化画法表达端面螺钉孔的分布。

（2）绘制草图，画尺寸界线及尺寸线，如图 3－3 所示。

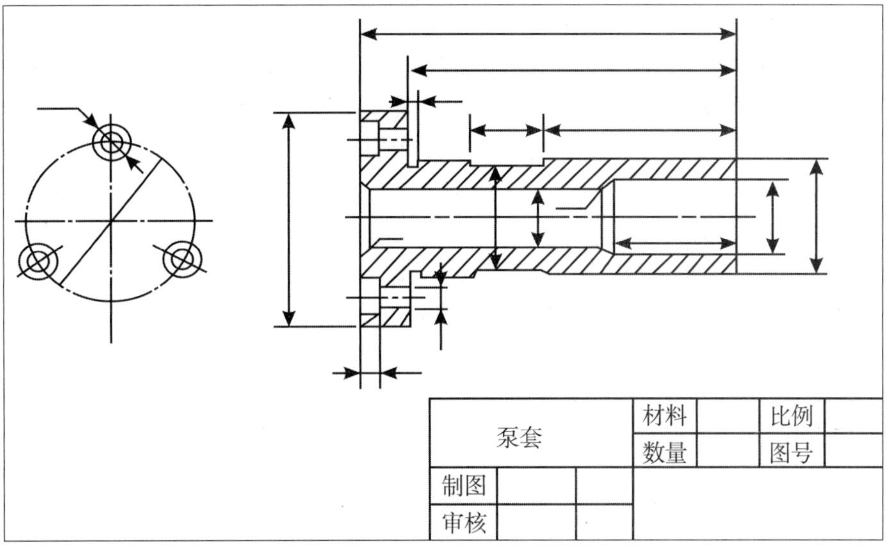

图 3－3 绘制泵套草图

3. 测量尺寸

分别测量泵套的各部分尺寸并在草图上标注，如图 3－4 所示。

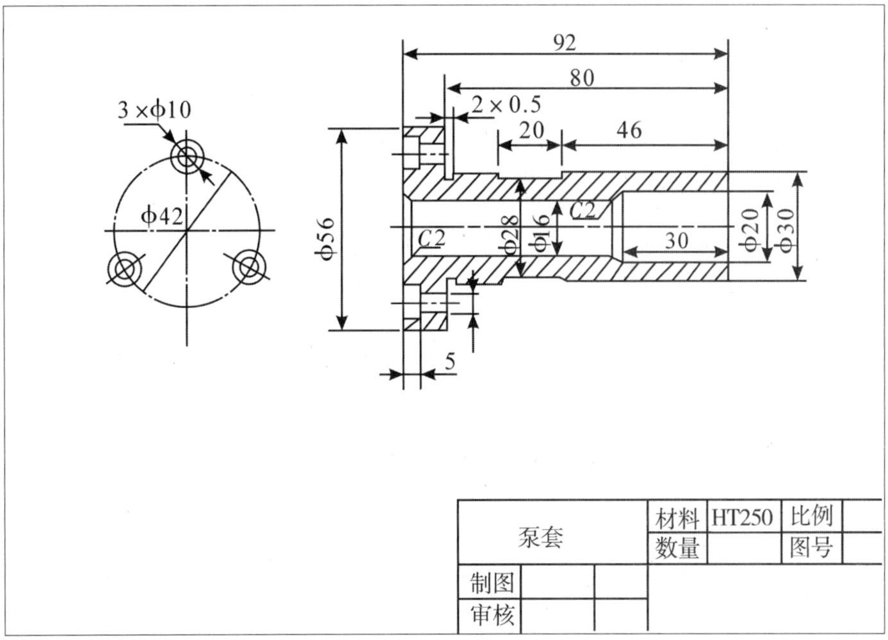

图 3－4 测量泵套尺寸

4. 确定技术要求

（1）尺寸公差的选择。

外圆表面是支承表面的套类零件，常用过盈配合或过渡配合与机座上的孔配合，外径公差等级一般取 IT6 ~ IT7 级。外径尺寸不作配合要求的套类零件，可直接标注直径尺寸。套类零件的孔径尺寸公差一般为 IT7 ~ IT9 级（为便于加工，通常孔的公差要比轴的尺寸公差低一个等级），精密轴套孔尺寸公差为 IT6 级。本节举例公差带代号外圆表面取 H8，配合内孔取 H7。

（2）形状公差的选择。

套类零件有配合要求的外表面，其圆度公差应控制在外径尺寸公差范围内，精密轴套孔的圆度公差一般为尺寸公差的 1/3 ~ 1/2，对较长的套筒零件除圆度要求之外，还应标注圆孔轴线的直线度公差。本节举例仅对外圆表面有圆度公差要求。

（3）位置公差的选择。

套类零件内、外圆的同轴度要根据加工方法的不同选择不同的精度等级，如果套类零件的孔是将轴套装入机座后进行加工的，套的内、外圆的同轴度要求较低，如果是在装配前加工完成的，则套的内孔对套的外圆的同轴度要求较高，一般为 ϕ0. 011 ~ 0. 05mm，本节对内、外圆有同轴度要求，法兰盘的左端面与外圆 ϕ30 的轴线有垂直度要求。

（4）表面粗糙度的选择。

套类零件有配合要求的外表面粗糙度可选择 *Ra*0. 8 ~ 1. 6。孔的表面粗糙度一般为 *Ra*0. 8 ~ 3. 2，要求较高的精密套可达 *Ra*0. 1。

（5）材料与热处理的选择。

①套类零件材料一般用钢、铸铁、青铜或黄铜制成。本节举例泵套采用铸铁 HT250。

②套类零件常采用退火、正火、调质和表面淬火等热处理方法。本节举例采用退火处理。

5. 画泵套零件工作图

根据泵套草图，整理泵套零件工作图，如图 3 – 5 所示。

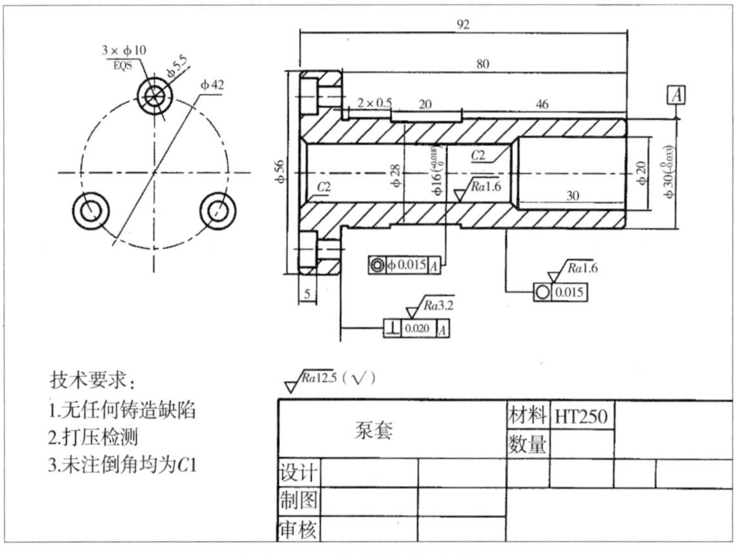

图 3 – 5　泵套零件工作图

(二) 轴套类零件测绘时的注意事项

(1) 在测绘之前应弄清被测轴、套在机械设备中的位置，了解该轴、套的用途及作用，各部分的精度要求及相配合零件的作用和工作状态。

(2) 确定正确的尺寸基准。

①测量零件的尺寸时，要正确选择基准。基准一旦确定，所有需要确定的结构尺寸均应以此为基准进行测量，尽可能避免尺寸的换算。

②测量磨损的零件时，应对其磨损原因加以分析，并尽可能选择在未磨损或磨损较少的部位测量，而且在标注时应将其补充完整。

③测量轴的外径时，要选择适当的部位进行，以便判断零件的形状误差，尤其要注意转动部位。

④测量带有锥度或斜度的轴尺寸时，应先确定其是否为标准的锥度或斜度，如果非标准，要仔细测量。

第二节　轮盘类零件的测绘

轮盘类零件是轮类零件和盘盖类零件的统称，都是机器或部件上的常见零件。

一、轮盘类零件的作用与结构

轮类零件包括手轮、飞轮、凸轮、带轮等，其主要功能是传递运动和动力。盘盖类零件包括法兰盘、盘座、轴承盖、泵盖、阀盖等，其主要功能是起支承、轴向定位、密封等作用。

轮盘类零件的主要结构是由同一轴线不同直径的若干回转体组成，这一特点与轴类零件类似。但与轴类零件相比，其轴向尺寸短得多，圆柱体直径较大，直径较大的部分作为盘，为盘盖类零件的主体，如图3-6所示。轮类零件常具有轮辐或辐板、轮毂和轮缘。轮毂多为带键槽或花键的圆孔，手轮的轮毂多为方孔。轮辐多沿垂直于轮毂轴线方向径向辐射至轮缘，而手轮的轮辐常与轮毂轴线倾斜一定的角度，径向辐射至轮缘。轮辐的剖面形状有矩形、圆形、扁圆形等。辐板上常有圆周均布的圆形、扇形或三角形的镂空结构，以减少轮的质量。轮缘的结构取决于轮的功能，如齿轮的轮缘为各种形状的轮齿，带轮的轮缘为各种形状的轮槽，手轮的轮缘形状多为圆形。

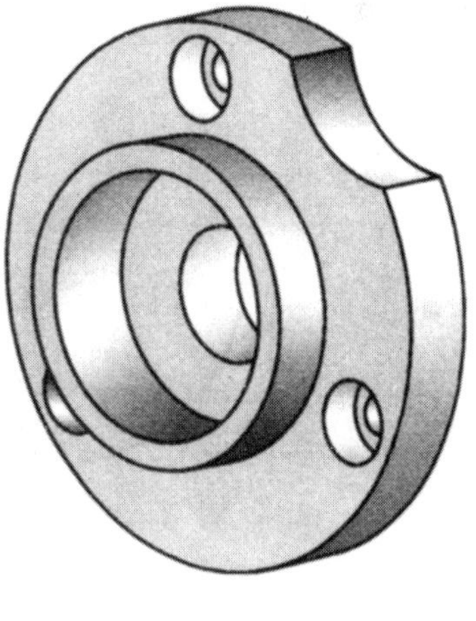

图3-6　泵盖

二、轮盘类零件的视图选择

根据轮盘类零件的结构特点，选择主视图时，应以形状特征和加工位置原则为主，轴段横放，对不以车床加工为主的零件可按其形状特征和工作位置来确定。

轮盘类零件一般需要两个视图，一个是以投影为非圆的视图作为主视图，且常采用轴向剖视图来表达内部结构；另一个视图往往选择左视图或右视图。对没有表达清楚的部位，可选择向视图、局部视图、移出断面图或局部放大图来表达外形。轮盘类零件的其他结构形状，如轮辐可用移出断面图或重合断面图表示。根据轮盘类零件的结构特点，各个视图具有对称平面时，可作半剖视图；无对称平面时，可作全剖视图。

三、轮盘类零件的尺寸标注

（1）轮盘类零件常以主要回转轴线作为径向基准，以切削加工的大端面或安装的定位端面作为轴向基准。

（2）轮盘类零件的内、外结构尺寸分开并集中在非圆视图中注出。

（3）在投影为圆的视图上标注分布在盘上的各孔、轮辐等尺寸。

（4）某些细小结构的尺寸，多集中在断面图上标注出。

四、轮盘类零件的材料和技术要求

（1）轮盘类零件材料多选用灰口铸铁 HT150 或 HT200。

（2）轮盘类零件的技术要求与轴套类零件的技术要求大致相同。有配合关系的内、外表面及起轴向定位作用的端面，其表面粗糙度要求较高。有配合关系的孔、轴尺寸应给出恰当的尺寸公差，与其他零件相接触的表面，尤其与运动零件相接触的表面应有平行度或垂直度要求。

五、轮盘类零件测绘举例

测绘如图 3 –7 所示的阀盖零件。

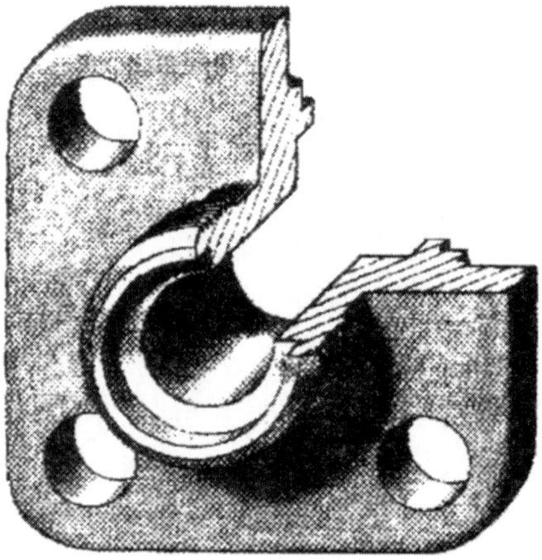

图 3 –7　阀盖零件

（一）测绘步骤

（1）画出图框，标题栏。

（2）在图纸上定出各视图的位置，画出主、左视图的对称中心线和作图基准线。布置视图时，要考虑到各视图间应留有标注尺寸的位置。以目测比例画出零件的结构形状。如图 3－8 所示。

（3）选定尺寸基准，画出全部尺寸界线、尺寸线和箭头。如图 3－9 所示，阀盖以轴线作为径向尺寸基准，以重要的安装端面作为轴向尺寸基准，主要尺寸应从基准直线，内、外直径结构的尺寸集中标注在非圆视图上。经仔细校核后，按规定线型将图线标出。

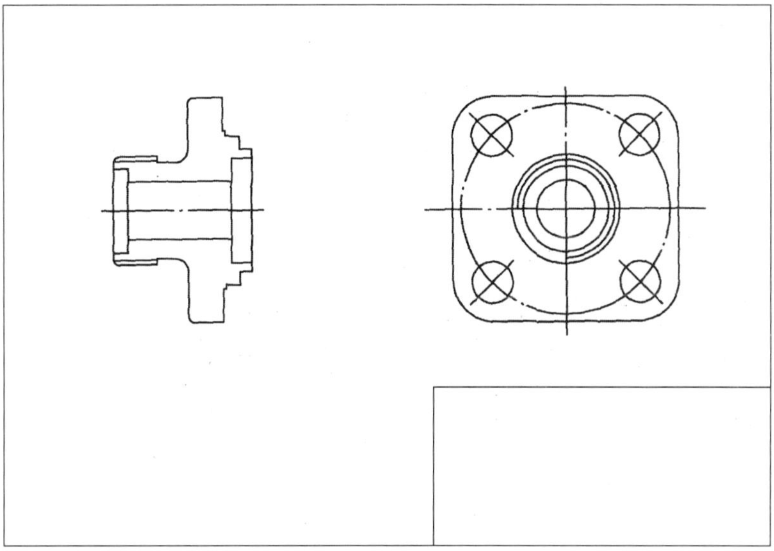

图 3－8 阀盖视图表达

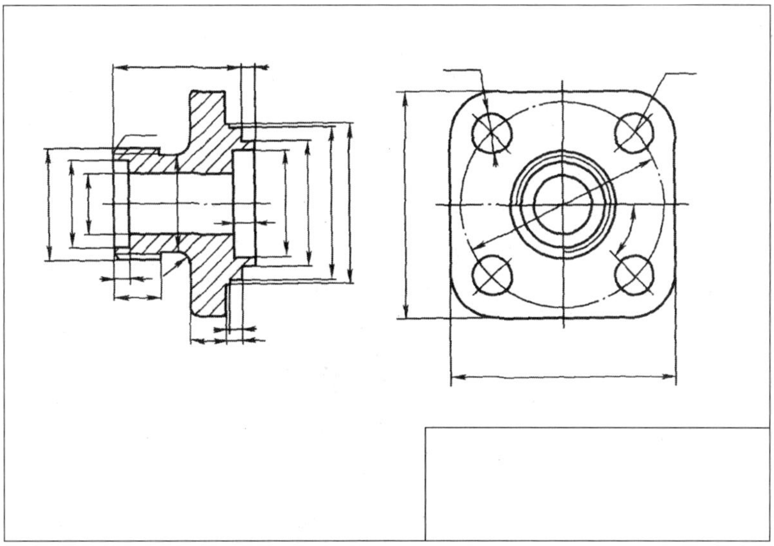

图 3－9 标注阀盖零件尺寸

（4）逐个测量尺寸。可用游标卡尺或外径千分尺测量各径向尺寸，用游标卡尺或钢尺测量轴向尺寸，但要从主要尺寸基准开始测量并圆整，用内（外）卡钳测量凸缘上均布的4个孔的中心距尺寸，用圆角规测量各圆角半径。对于左端外螺纹，可先用游标卡尺测量外径，螺纹规测量螺距，然后查阅机械制图的相关国家标准，校核螺纹大径和螺距，取标准倒角尺寸可根据螺纹手册查阅。

（5）标注技术要求。

表面粗糙度：凡是阀盖上有与其他表面配合的部位，均需标注表面粗糙度。与阀盖配合面质量要求不高，表面粗糙度值可选择较大值，如选择为 $Ra12.5\sim25\mu m$，其余保留工序的要求。

尺寸公差：阀盖与阀体之间有配合，可采用最小间隙配合，阀盖与密封圈之间也有配合，可采用基孔制配合。

文字说明：铸件应经时效处理，消除内应力；未注铸造圆角为 $R1\sim R3$。

（6）填写标题栏。对画好的阀盖草图进行校核后，再画阀盖零件工作图，如图3－10所示。

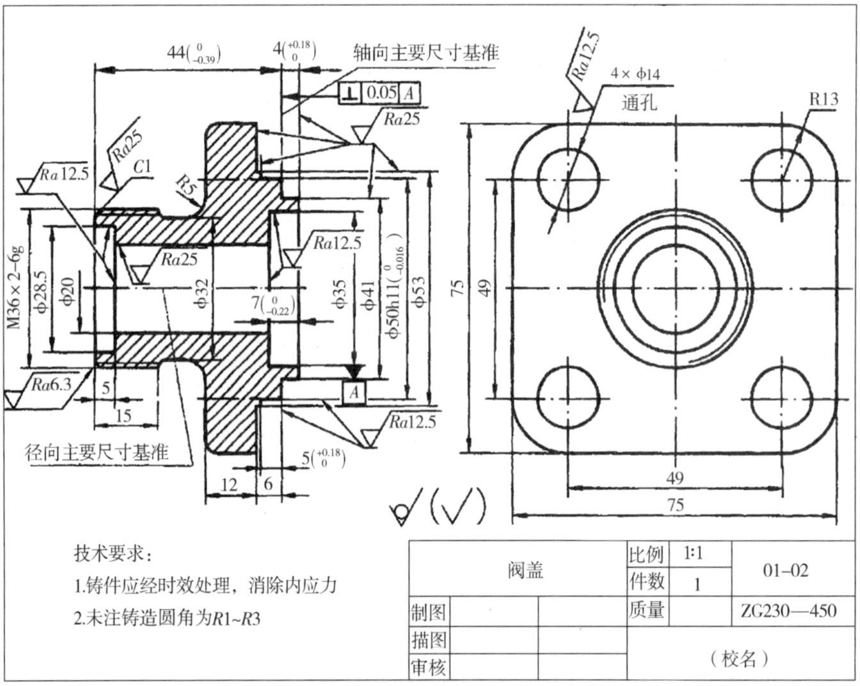

图3－10　阀盖零件工作图

（二）轮盘类零件测绘时的注意事项

（1）轮盘类零件配合孔或轴的尺寸可用游标卡尺或千分尺测量，再查表选用符合国家标准的基本尺寸系列。

（2）一般性的尺寸如轮盘零件的厚度、铸造结构尺寸可直接量出并圆整。

（3）与标准件配合的尺寸，如螺纹、键槽、销孔等，测出尺寸后还要查表确定标准尺寸。工艺结构尺寸如退刀槽和越程槽、油封槽、倒角和倒圆等，要按照通用方法标注。

第三节　支架（叉架）类零件的测绘

一、支架（叉架）类零件的作用与结构

支架（叉架）类零件包括拨叉和各种支架。拨叉主要用在机床、内燃机等各种机器的操纵上，起操纵、调速的作用；支架主要起连接和支承作用。典型叉架类零件如图 3－11 所示。

支架（叉架）类零件形式多样，结构较为复杂且不规则，甚至难以平稳放置，需经多道加工而成。这类零件一般由三部分组成，即连接部分、工作部分和支承部分。连接部分为肋板结构，且形状弯曲；工作部分和支承部分，细部结构也较多，如圆孔、螺孔、油孔、凸台、凹口等。

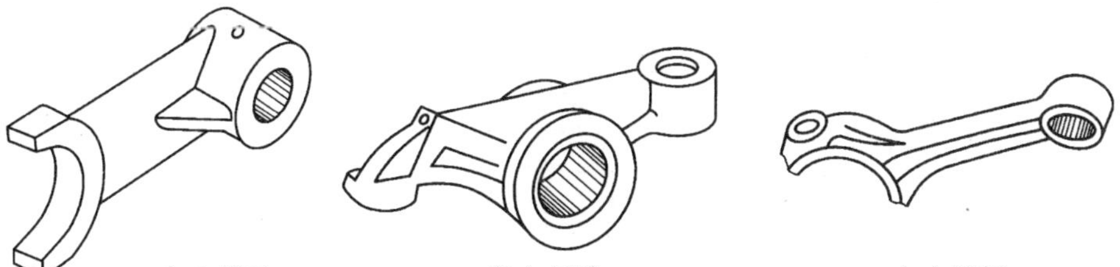

（a）拨叉　　（b）摇臂　　（c）连杆

图 3－11　典型叉架类零件

二、支架（叉架）类零件的视图选择

支架（叉架）类零件一般都是铸件和锻件，毛坯形状复杂，需经不同的机械加工，加工位置难以分出主次。所以，在选择主视图投影方向时，主要按形状特征和工作位置来确定。除主视图外，还需用其他视图表达安装板、肋板等结构的宽度及它们的相对位置。由于零件上有倾斜结构，一般可采用斜视图、局部视图、斜剖视图或移出断面图来表示。支架（叉架）类零件的结构形状较为复杂，一般需要三个以上的视图才能表达清楚。

三、支架（叉架）类零件的尺寸标注

（1）支架（叉架）类零件的长度方向、宽度方向、高度方向的主要尺寸基准一般为孔的中线、轴线、对称平面和较大的加工平面。

（2）支架（叉架）类零件定位尺寸较多，要注意能否保证定位的精度。一般要标出孔线间的距离，孔中心线到平面间的距离或平面到平面的距离。定形尺寸一般都采用分析法标注尺寸。一般情况下，内、外结构形状要保持一致，拔模斜度、铸造圆角示注。

（3）有目的地将尺寸分散标注在各视图、剖视图、断面图上，防止在一个视图上尺寸发生过度集中。相关联零件的有关结构尺寸注法应尽量相同，这样便于看图，可少出错。

支架（叉架）类零件表达方案及尺寸标注举例如图 3－12 所示。

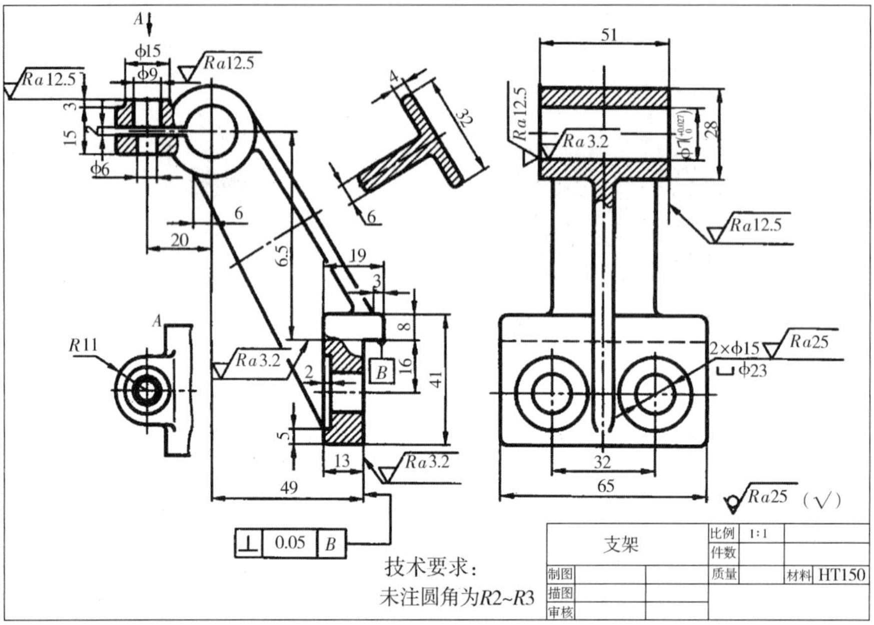

图 3－12　支架零件图

四、支架（叉架）类零件的材料和技术要求

（1）支架（叉架）类零件的材料多为铸件或锻件。

（2）支架（叉架）类零件的技术要求。

①一般用途的支架（叉架）类零件尺寸精度、表面粗糙度、形位公差无特殊要求。

②孔间距、重要孔的尺寸公差等级和表面质量要求较高，包括孔间距和孔间平行垂直度公差，以及孔到安装面的尺寸公差和位置公差。

③有时对角度或某部分的长度尺寸也有一定要求，应给出公差。

五、支架（叉架）类零件测绘举例

测绘如图 3－13 所示的拨叉零件。

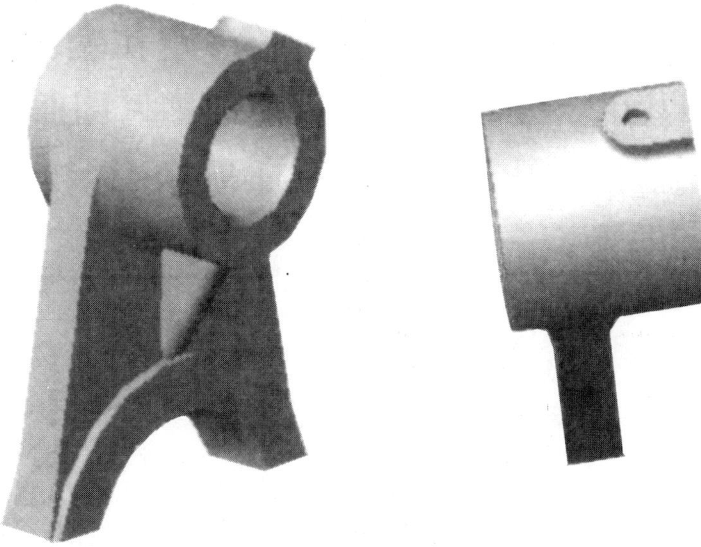

图3－13　拨叉零件

（一）测绘步骤

1. 对拨叉进行了解和分析

测绘前要了解支架（叉架）类零件的功能、结构、工作原理。了解零件在部件或机器中的安装位置，与相关零件的相对位置及周围零件之间的相对位置。对于已标准化的支架（叉架）类零件，测绘时应与标准对照，尽量取标准化的结构尺寸。对于连接部分，在不影响强度、刚度和使用性能的前提下，可进行合理修整。

拨叉属于支架（叉架）类零件，工作部分是一个接近半圆形的圆柱环，安装部分是一个圆筒，在圆筒斜上方有一凸台，并钻有一通孔，连接板为三角形肋板，有铸造圆角、倒角等工艺结构。

2. 绘制拨叉草图

支架（叉架）类零件结构比较复杂，加工位置多有变化，有的支架（叉架）类零件在工作中是运动的，其工作位置也不固定，所以这类零件主视图一般按照工作位置、安装位置或形状特征位置综合考虑来确定投影方向，再加上一个或两个其他的基本视图组成。由于支架（叉架）类零件连接结构常是倾斜或不对称的，还需要采用斜视图、局部视图、局部剖视图、断面图等来表达局部结构。拨叉草图如图3－14所示。

3. 测量尺寸

根据草图中的尺寸标注要求，分别测量零件各部分的尺寸并在草图上标注（见图3－14）。

支架（叉架）类零件的尺寸标注比较复杂，各部分的形状和相对位置尺寸要直接标注。尺寸基准常选择零件的安装基面、对称平面、孔的中心线和轴线。本节举例的拨叉中心对称平面作为长度方向的主要尺寸基准，以过圆筒轴线的水平面作为高度方向的主要尺寸基准，以圆筒的后端面作为宽度方向的主要尺寸基准。

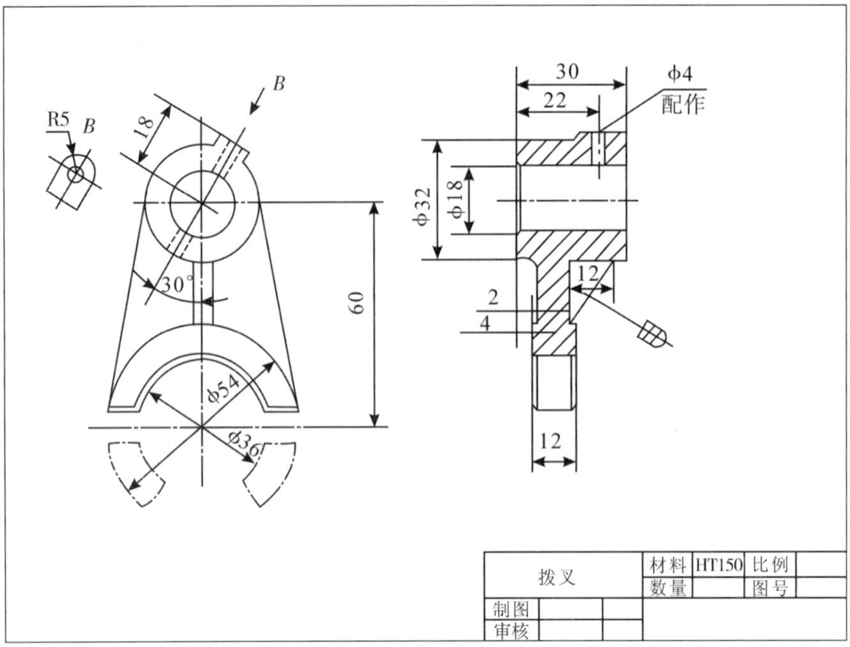

图 3－14　绘制拨叉草图

4. 确定技术要求

（1）尺寸公差的选择。

支架（叉架）类零件工作部分有配合要求的孔要标注尺寸公差，按照配合要求选择基本偏差，公差等级一般为 IT7～IT9 级。配合孔的中心定位尺寸常标注有尺寸公差。本节举例的拨叉中圆筒支承孔的公差带代号为 ϕ18H7，叉口直径为 ϕ36H8，叉部宽度为 12h8。

（2）形位公差的选择。

支架（叉架）类零件支承部分、运动配合表面及安装表面均有较严格的形位公差要求。如安装底板与其他零件接触到的表面应有平面度、平行度或垂直度等要求，支承内孔轴线应有平行度要求，公差等级一般为 IT7～IT9 级，可参考同类型的支架（叉架）类零件图进行选择。

（3）表面粗糙度的选择。

一般情况下，支架（叉架）类零件支承孔表面粗糙度为 *Ra*1.6～3.2，安装底板的接触表面粗糙度为 *Ra*3.2～6.3，非配合表面粗糙度为 *Ra*6.3～12.5，其余表面都是铸造面，不作要求。

（4）材料与热处理的选择。

支架（叉架）类零件可用类比法或检测法确定零件材料和热处理方法。支架（叉架）类零件坯料多为铸锻件，材料为 HT150～HT200，一般不需要进行热处理，但重要的、作长期运动且受力较大的锻造件常用正火、调质、渗碳和表面淬火等热处理方法。

本节举例的拨叉采用铸件 HT150，不需进行热处理。

5. 画拨叉零件工作图

根据拨叉零件草图，整理拨叉零件工作图，如图 3－15 所示。

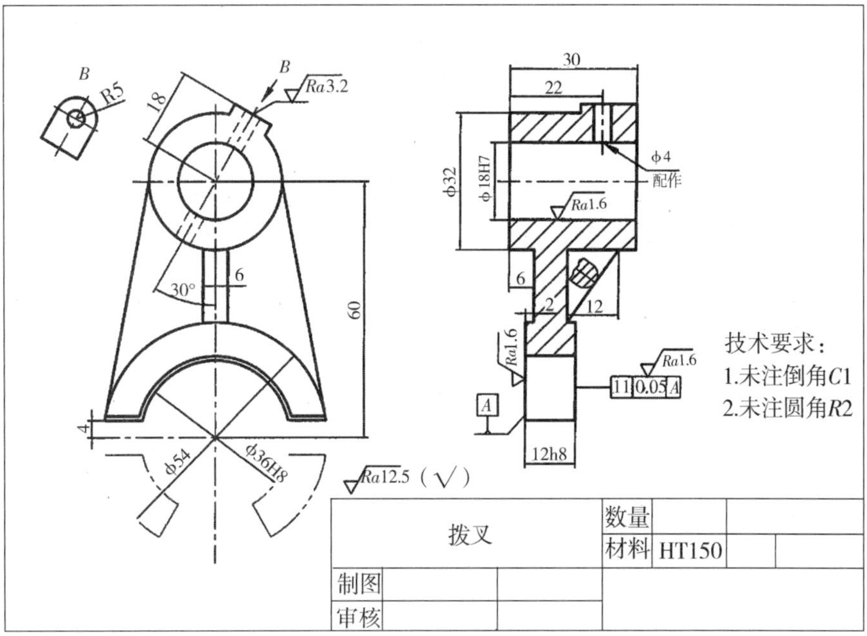

图 3－15　拨叉零件工作图

（二）支架（叉架）类零件测绘时的注意事项

由于拨叉的支承孔和叉口是重要的配合结构，拨叉支承孔的圆心位置和直径尺寸、工作部分叉口直径及叉口宽度等应采用游标卡尺或千分尺精确测量，测出尺寸后加以圆整并参照相配合的零件确定其尺寸。其余一般尺寸可直接测量取值。

工艺结构、常见结构，如螺纹、退刀槽和越程槽、倒角和倒圆等，测出尺寸后还要按照规定方法标注。

第四节　箱体类零件的测绘

箱体类零件包括各种减速箱、泵体、阀体、机床的主轴箱、变速箱、动力箱、机座等。

一、箱体类零件的作用与结构

箱体类零件一般为整个机器或部件的外壳，起支承、连接、密封、容纳、定位及安装其他零件等作用，如减速器箱体、齿轮油泵泵体、阀门阀体等。箱体类零件是机器或部件中的主要零件。

箱体类零件以铸造件为主（少数采用锻件或焊接件），其结构特点是：体积较大、形状较复杂，内部呈空腔形，壁薄且不均匀；体壁上常带有轴承孔、凸台、肋板等结构，安装部分还有安装底板、螺栓孔和螺孔。为符合铸件制造工艺特点，安装底板和箱壁、凸台外形常有拔模斜度、铸造圆角、壁厚等铸造件工艺结构。

二、箱体类零件的视图选择

箱体类零件多数是经过较多工序制造而成的，各工序的加工位置不尽相同，因而主视图要按形状特征和工作位置来确定。

箱体类零件一般都较为复杂，如图 3－16 所示的箱体，常需要三个以上的视图。对于内部结构形状，常采用剖视图表达。如果外部结构形状简单，内部结构形状复杂，且具有对称面时，可采用半剖视图表达；如果外部结构形状复杂，内部结构形状简单，可采用局部剖视图或用虚线表达；如果内部、外部结构形状都较复杂，且投影不重叠，也可采用局部剖视图表达，若有重叠，外部结构形状和内部结构形状应分别表达。对局部的内、外结构形状可采用局部视图、局部剖视图和断面图来表达。

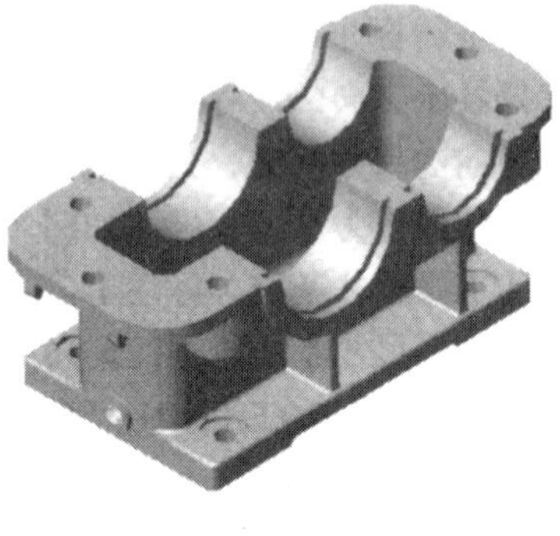

图 3－16　箱体类零件

箱体类零件投影关系复杂，常会出现截交线和相贯线。同时，由于是铸件毛坯，也经常会遇到过渡线。

三、箱体类零件的尺寸标注

箱体类零件的长度方向、宽度方向、高度方向的主要基准一般为孔的中心线、轴线。对平面和较大的加工平面，箱体类零件的定位尺寸更多，各孔中心线间的距离一定要直接标注出来。定形尺寸仍用形体分析法标注，且应尽量标注在特征视图上。

（一）合理选择尺寸基准

箱体类零件的底面一般都是设计基准、工艺基准、检验基准和安装基准。按照基准统一的原则，应以底面作为高度方向的尺寸基准，其他方向上以主要轴线、对称平面和端面作为尺寸基准。

（二）按照形体分析法标注尺寸

箱体类零件的形体都较为复杂，标注尺寸时应将零件或其上的结构划分成多个基本几何体，然后逐一标出定形尺寸和定位尺寸。在标注箱体类零件尺寸时，确定各部位的定位尺寸很重要，因为其关系到装配质量的好坏，为此首先要选择好基准面，一般以安装表面、主要孔的轴线和主要端面作为基准。当各部位的定位尺寸确定后，其定形尺寸才能确定。

（三）重要尺寸应直接标注

对于影响机器工作性能的尺寸一定要直接标注出来，如支承齿轮传动、蜗杆传动轴的两孔中心线间的距离尺寸，输入、输出轴的位置尺寸等。

（四）应标注出总体尺寸和安装尺寸

在箱体类零件中，有许多已有标准化结构和尺寸系列，如机床的主轴箱、动力箱，各种传动机构的减速箱，各种泵体、阀体等。在测绘这些零件时，应参照有关标准，向标准化结构和尺寸系列靠近。

四、箱体类零件的材料和技术要求

（一）箱体类零件的材料

箱体类零件的毛坯一般采用铸件，常用材料为 HT200。只有单件生产或制造某些重型机床时，为了降低成本和缩短毛坯制造周期，才可采用钢板焊接结构。铸铁箱体毛坯在单件小批量生产时，一般采用木模手工造型；大批量生产时通常采用金属模机械造型。为了节省加工时间、节约材料，φ30～50 的孔一般应铸出。

（二）箱体类零件的技术要求

重要的箱体孔和表面，其表面粗糙度参数值较小，目的是保证安装在孔内的轴承和轴的精度。另外，重要的箱体孔和表面应该有尺寸公差和形位公差的要求。

五、箱体类零件测绘举例

测绘如图 3－17 所示的减速器箱体。

图 3－17　减速器箱体

（一）测绘步骤

1. 对箱体进行了解和分析

该箱体为送料机构的减速器箱体，它的作用是支承和固定轴系零件，内可装油，使箱体里的零件具有良好的润滑和密封性能。动力由箱体外部的单槽带轮输入，在箱体内，经蜗杆涡轮传动、直角圆锥齿轮传动，输出到箱体外部的直齿圆柱齿轮。

箱体中空部分容纳蜗杆轴、涡轮、锥齿轮及传动轴、锥齿轮轴，底部存放润滑油。箱体的重要部位是支承传动轴的轴承孔系，上面的两同轴孔用于支承蜗杆轴，下面的两同轴孔用于支承安装涡轮、锥齿轮的传动轴，另一单孔用于支承锥齿轮轴。锥齿轮轴孔内装有轴承套，其他支承孔均直接与圆锥滚子轴承外圈配合。在所有的支承孔壁处均铸有凸缘，用于安装轴承和加工螺孔。箱体底部有底板，底板四角有凸台和安装孔。箱体顶部四角有凸缘和螺孔，用于安装箱盖。如图 3－17 所示有两个螺孔，上面的油标螺纹孔用于安装油标，下面的放油螺塞螺纹孔用于安装放油螺塞。

2. 绘制箱体草图

箱体类零件结构复杂，加工工艺和加工方法也随之复杂，工序种类多，加工位置多有变化。因此这类零件一般需要三到四个的基本视图来表达，主视图按箱体零件的形状特征和工作位置来选择，采用全剖视图、局部剖视图来表达内部结构，外形还常用局部视图、斜视图和简化画法来表达。

如图 3－18 所示为减速器箱体草图，通过对箱体进行结构分析和工艺分析，确定采用三个基本视图表达箱体的主体结构，并采用多个其他视图对局部结构进行补充表达。主视图以涡轮轴线左右放置位置进行投影，用两个平行剖切平面分别表达锥齿轮轴支承孔和蜗杆轴支承孔的位置和内部形状。左视图采用全剖视图，用以表达涡轮、锥齿轮传动轴支承孔的位置和形状。*C* 向视图表达箱体左面箱壁凸缘的形状和螺孔位置。*D* 向视图表达箱体底板底面的凸台形状。*B*－*B* 局部剖视图表达锥齿轮轴支承孔内部凸缘圆弧的形状。

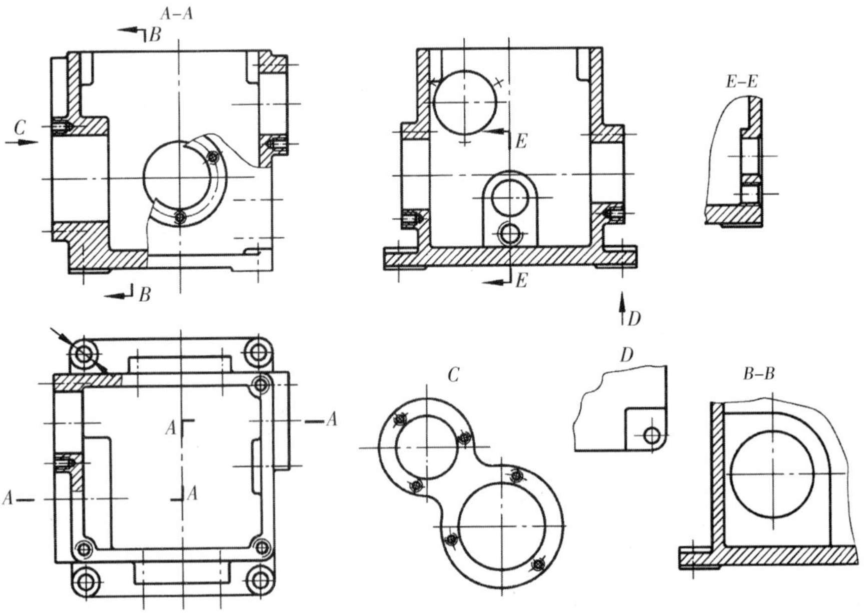

图 3－18　减速器箱体草图

3. 测量尺寸

根据草图中的尺寸标注要求，分别测量箱体零件的各部分尺寸并在草图上进行标注。箱体类零件结构复杂，确定各部分结构的定位尺寸很重要，因此一定要选择好各个方向的尺寸基准。一般是以安装表面、主要支承孔轴线和主要端面作为长度和高度方向的尺寸基准，当各结构的定位尺寸确定后，其定形尺寸才能确定。具有对称结构的以对称面作为尺寸基准。

（1）确定基准。该箱体的底面为安装基准面，也是加工的工艺基准面，所以以底面作为箱体高度方向上的设计基准。长度方向上以涡轮轴线为基准，宽度方向上以前后对称面作为基准。

（2）轴孔的定位尺寸。传动轴支承孔位置尺寸直接影响传动件啮合的正确性，因此其定位尺寸极为重要。如图 3 - 19 所示，蜗杆轴支承孔高度方向的定位尺寸为 92，宽度方向的定位尺寸为 25。涡轮轴支承孔高度方向的定位尺寸为 40，它是按蜗杆传动设计的中心距确定的，必须直接标注出来。锥齿轮轴支承孔的轴线应与锥齿轮传动轴支承孔轴线在同一高度位置上，故不另注高度方向上的定位尺寸，锥齿轮轴支承孔宽度方向上的定位尺寸为 42。

（3）其他重要尺寸。箱体上与其他零件有配合关系或装配关系的尺寸应一致，如支承孔的直径尺寸应与配合的滚动轴承外径一致；箱壁上凸缘的直径尺寸和螺孔的定位尺寸应与配合的轴承盖一致；箱体顶部四个螺孔的中心距尺寸，箱体底板上安装孔的中心距等尺寸，都应与装配零件的相应尺寸对应。箱体的外轮廓尺寸 134 × 142 × 122 等都是比较重要的尺寸。

减速器箱体完整的尺寸标注如图 3 - 19 所示。

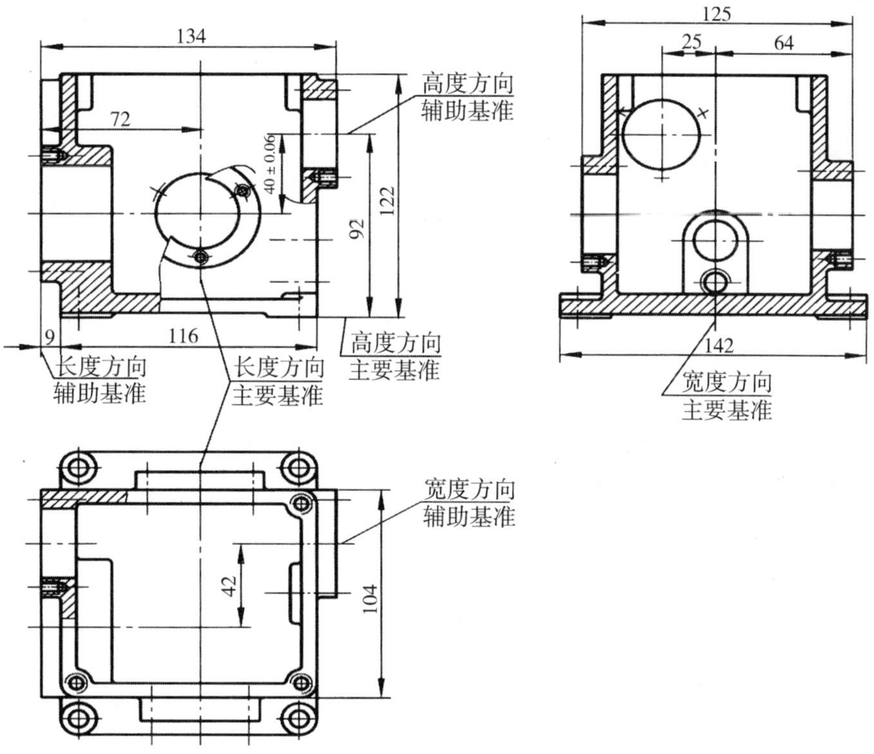

图 3 - 19　测量减速器箱体尺寸

4. 确定技术要求

箱体类零件是为了支承、包容、安装其他零件的，为了保证机器或部件的性能和精度，对箱体类零件要标注一系列的技术要求。主要包括：各支承孔和安装平面的尺寸公差、形位公差、表面粗糙度要求以及热处理、表面处理和有关装配、试验等方面的要求。

（1）尺寸公差的选择。

箱体类零件上有配合要求的主轴承孔要标注较高等级的尺寸公差，并按照配合要求选择基本偏差，公差等级一般为 IT6、IT7 级。在箱体类零件草图中，需要标注公差的尺寸主要有支承传动轴的孔径公差，有啮合传动关系的支承孔间的中心距公差等。如图 3 - 20 所示，箱体零件轴孔的公差带代号分别为 φ48H7、φ47H7，轴承孔的中心距精度允差为 ±0.06。在实际测绘中，尺寸公差也可采用类比法参照同类型零件的尺寸公差选用。

本箱体中，两个蜗杆支承孔均为 φ35，两个涡轮传动轴支承孔分别为 φ35 和 φ40，它们都与滚动轴承外圈配合，均取 K7。支承锥齿轮轴的支承孔径为 φ48，它与轴承套配合，取 H7。

(2) 形位公差的选择。

箱体零件结构形状比较复杂，要标注形位公差来控制零件的形位误差，在测绘中可先测出箱体零件上的形状和位置的误差值，再参照同类型零件的形位公差来确定。本箱体中，对蜗杆支承孔给定了同轴度公差，对锥齿轮支承孔给定了垂直度公差。公差值及标注如图 3－20 所示。

(3) 箱体各表面的粗糙度。

箱体各表面的粗糙度可根据实际要求来确定，如图 3－20 所示，可作为参考。

(4) 箱体的材料及对其毛坯的技术要求。

箱体采用灰铸铁铸造工艺，铸铁牌号选为 HT200。铸件采用人工时效热处理。

（二）箱体类零件测绘时的注意事项

(1) 箱体类零件的测量方法应根据各部位的形状和精度要求来选择，对于一般要求的线性尺寸，如箱体的总长、总高和总宽等外形尺寸可直接用钢直尺或钢卷尺测量，对于箱体上的光孔和孔深可用游标卡尺上的测深尺测量。

(2) 对于有配合要求的尺寸，如支承孔及其定位尺寸，要用游标卡尺测量，以保证尺寸的准确、可靠。

(3) 工艺结构，如螺纹、退刀槽和越程槽、倒角和倒圆等，测出尺寸后还要按照规定方法标注，螺纹等标准结构要素还要查表确定。

(4) 箱体上支承孔的位置度误差可采用坐标测量装置测量。

(5) 箱体上孔与孔之间的同轴度误差，可采用千分表配合检验心轴测量。

(6) 箱体上孔中心线与孔端面的垂直度误差，可采用塞尺和心轴配合测量，也可采用千分尺配合检验心轴测量。

(7) 润滑油孔、油标位置、油槽通路、放油口等要表达清楚。

(8) 因为要考虑有润滑油的箱体类零件的漏油问题，测绘时要特别注意螺孔是否为通孔。

(9) 因为铸件受内部应力或外力影响，经常会产生变形，所以测绘时应尽可能对与此铸件箱体有关的零件尺寸也进行测量，以便运用装配尺寸链及传动尺寸链校对箱体尺寸。

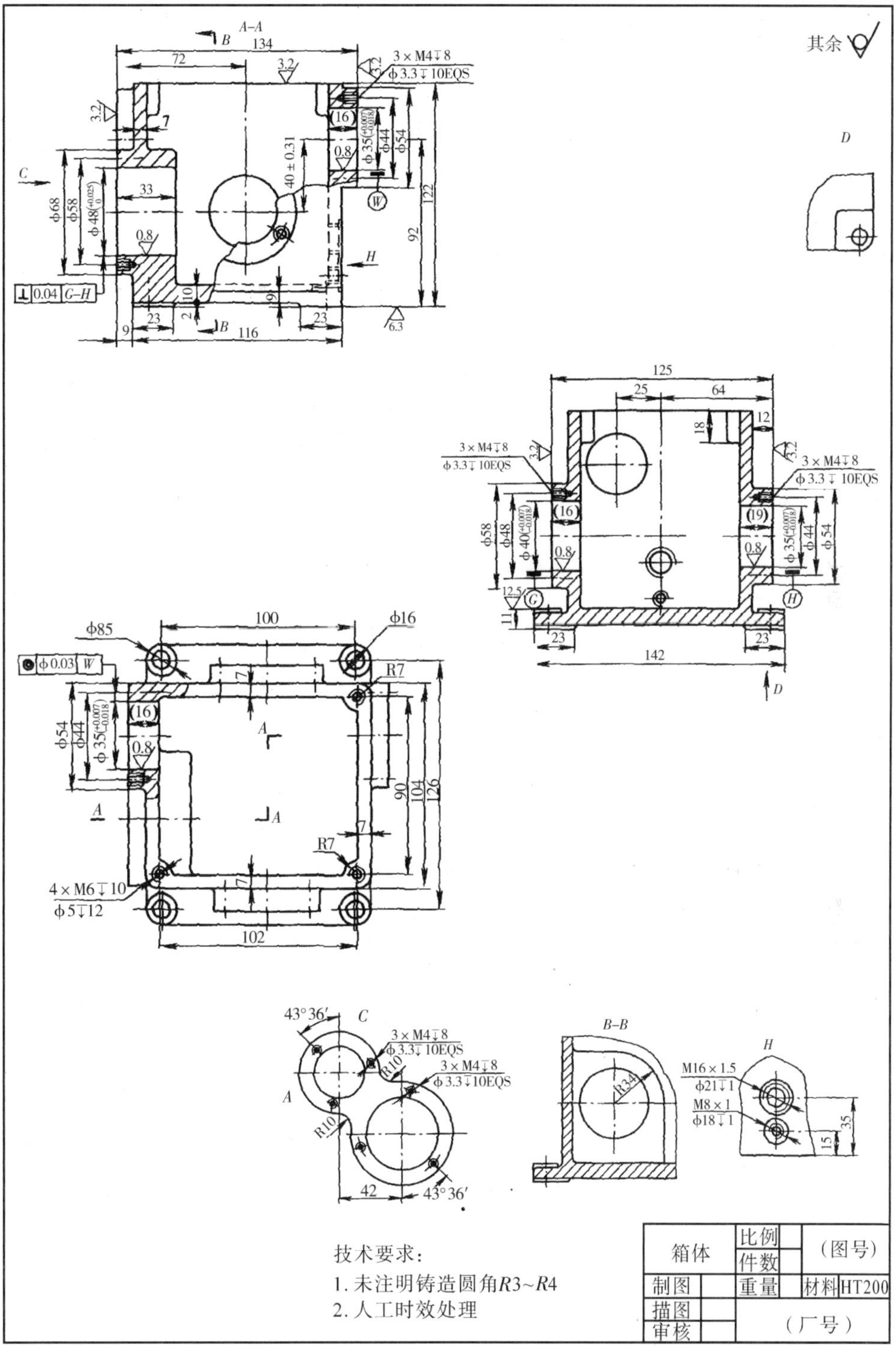

图 3－20　箱体零件工作图

【本章思考题】

1. 试述大尺寸或不完整孔、轴直径的常用测量方法。
2. 试述内、外圆锥体锥度的测量方法。
3. 试述轴套类零件的测绘要点。
4. 轮盘类零件上圆周均布的孔一般标注哪些定位尺寸?
5. 试述轮盘类零件常见的视图表达方法。
6. 试述轮盘类零件的测绘要点。
7. 支架(叉架)类零件由哪几个基本部分组成?
8. 试述支架(叉架)类零件常见的视图表达方法。
9. 支架(叉架)类零件常见尺寸基准有哪些?
10. 支架(叉架)类零件的主要尺寸是什么?
11. 试述支架(叉架)类零件的测绘要点。
12. 试述箱体类零件上两孔间中心距的测量方法,并画出测量简图。
13. 试述箱体类零件上孔到基准平面距离的测量方法,并画出测量简图。
14. 试述斜孔的测量方法,并画出测量简图。
15. 测量箱体类零件上的油孔时,可采用哪些方法?
16. 箱体类零件上的外壁、内壁、肋的厚度之间一般呈何关系?
17. 箱体类零件上的铸造斜度与垂直壁高有无关系?应怎样选取?
18. 怎样确定箱体类零件上孔的公差?
19. 箱体类零件上对孔系有哪些形位公差要求?应怎样选取?
20. 试述箱体类零件上同轴孔系与平行孔系同轴度的检验方法,并画出检验简图。

第四章　部件测绘

前面介绍了零部件测绘的基本步骤、测绘流程以及典型零件的测绘方法。本章通过机用虎钳、一级圆柱齿轮减速器和齿轮油泵的测绘进一步说明部件测绘的方法和步骤。

第一节　机用虎钳的测绘

机用虎钳的立体图如图 4－1 所示。

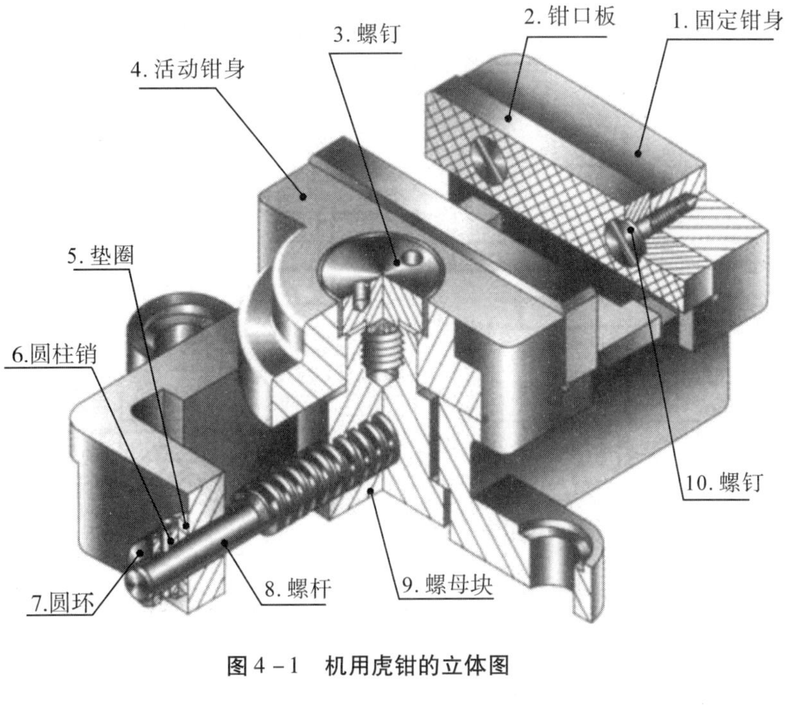

图 4－1　机用虎钳的立体图

一、机用虎钳的工作原理

机用虎钳是安装在机床工作台上，用于夹紧工件，以便进行切削加工的一种通用工具。该部件共有零件 11 种，其中标准件 4 种，非标准件 7 种，如图 4－1 所示。其中 11 号零件垫圈在图中看不到。

该机用虎钳有一条装配线，螺杆与圆环之间通过圆柱销连接，螺杆只能在固定钳身上转动。活动钳身的底面与固定钳身的顶面相接触，螺母块的上部装在活动钳身的孔中，它们之间通过螺钉固定在一起，而螺母块的下部与螺杆之间通过螺纹连接起来。当转动螺杆时，通过螺纹带动螺母块左右移动，从而带动活动钳身左右移动，达到开、闭钳口夹持工件的目的。固定钳身和活动钳身上都装有钳口板，它们之间通过螺钉连接起来，为了便于夹紧工件，钳口板上应有滚花结构。

二、机用虎钳的装配示意图

根据对机用虎钳的分析，用简单图线和符号画出表示虎钳的零件位置、装配关系、连接方式和工作原理等的装配示意图，如图 4－2 所示。

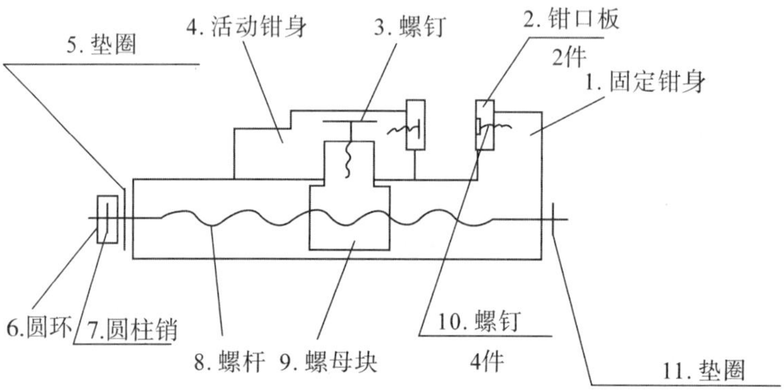

图 4－2　机用虎钳装配示意图

三、拆卸机用虎钳

机用虎钳的拆卸如图 4－3 所示，其拆卸顺序如下：先拆下圆柱销，取下圆环、垫圈（5），再旋出螺杆、取下垫圈（11），然后旋出螺钉，取下活动钳身，拧出螺钉，取下钳口板、螺钉，取下螺母块，最后拧出固定钳身上的螺钉，取下钳口板。

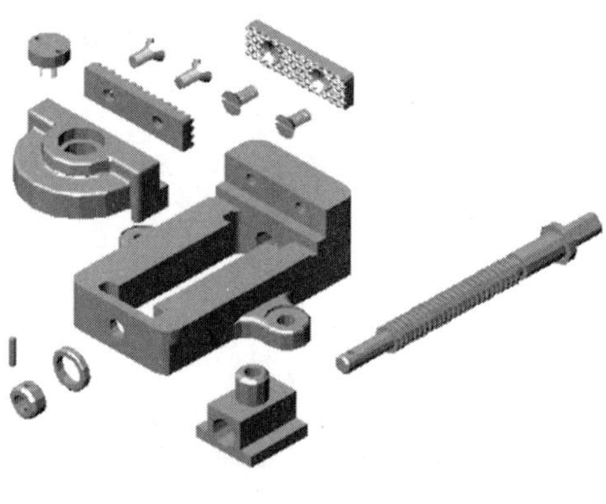

图 4－3　机用虎钳的拆卸

拆卸时边拆卸边记录（见表4－1）。如果装配示意图未能在拆卸前完成，还要在拆卸的同时完成装配示意图。

表4－1　机用虎钳拆卸记录

步骤次序	拆卸内容	遇到问题	备注
1	圆柱销		
2	圆环		
3	垫圈（5）		
4	螺杆		
5	垫圈（11）		
6	螺钉		
7	活动钳身		
8	螺钉		
9	钳口板		
10	螺钉		
11	螺母块		
12	螺钉		
13	钳口板		

拆卸完成后，对所有零件按一定的顺序编号，填写到装配示意图中去，对部件中的标准件编制明细表（见表4－2）。

表4－2　机用虎钳标准件明细表

序号	名称	标记	材料	数量	备注
1	圆柱销	GB/T 114.2　4×20	35	1	
2	螺钉	GB/T 68　M8×18	Q235A	4	
3	垫圈（5）	GB/T 97.1　14—140HV	Q235A	1	
4	垫圈（11）	GB/T 97.1　20—140HV	Q235A	1	

在拆卸过程中，还要注意了解和分析机用虎钳中零件间的连接方式和装配关系等，为绘制零件草图和部件装配图做必要的准备。

（一）连接与固定方式

螺杆通过螺纹与螺母块旋合在一起，螺杆的右端轴肩通过垫圈固定在固定钳身的右端面，螺杆左端用圆环、圆柱销和垫圈固定在固定钳身的左端面；活动钳身通过专用螺钉与螺母块连成整体；再用螺钉将钳口板紧固在固定钳身和活动钳身上。

（二）配合关系

由螺杆作旋转运动，通过螺母块带动活动钳身作水平移动。机用虎钳有以下配合要求：螺杆在固定钳身左、右端的支承孔中转动，采用间隙较大的间隙配合；活动钳身与螺母块虽没有相对运动，但为便于装配，也采用间隙较小的间隙配合；活动钳身与固定钳身两侧结合面的配合有相对运动，所以还是采用间隙较大的间隙配合。

四、绘制机用虎钳零件草图

机用虎钳中除了四种标准件以外，其他是专用件，都要画出零件草图。下面是机用虎钳中螺母块、活动钳身、螺杆等零件的测绘过程。

（一）测绘螺母块

1. 选择零件视图并确定表达方案

螺母块的结构形状为上圆下方，上部圆柱体与活动钳身相配合，并通过螺钉调节松紧度；下部方形体内的螺孔旋入螺杆，将螺杆的旋转运动改变为螺母块的左右水平移动。底部前后凸出部分的上表面与固定钳身工字形槽的下表面相接触，有相对运动。主视图采用全剖视，表达螺母块下部的螺孔（通孔）和上部的螺孔（盲孔），俯视图和左视图主要表达外形，矩形螺纹属非标准螺纹，故应画出牙形的局部放大图。

2. 测量并标注尺寸

以螺母块左右对称中心线为长度方向尺寸主要基准，注出尺寸 M10×1；以前后对称中心线为宽度方向尺寸主要基准，注出尺寸 44、26 等；以底面为高度方向尺寸主要基准，注出尺寸 14、46，以顶面为辅助基准，注出尺寸 8、16，再以下部螺孔轴线为辅助基准，注出尺寸 ϕ18、ϕ14（在矩形螺纹的局部放大图上注出螺纹大径和小径的尺寸及公差）。

测量尺寸时应注意，除了重要尺寸或配合尺寸以外，如果测得的尺寸数值是小数则应圆整，如图 4-4 所示。

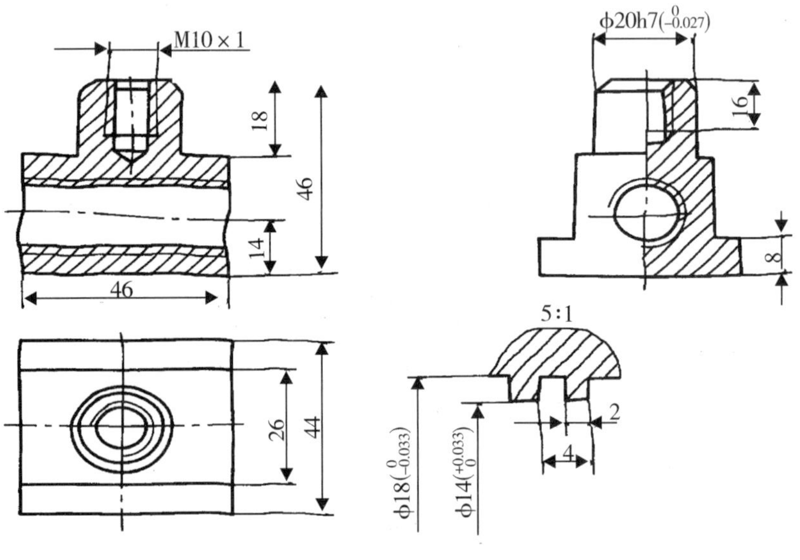

图 4-4　螺母块零件草图

3. 确定材料和技术要求

螺母块、圆环以及垫圈等受力不大的零件选用碳素结构钢 Q235A。为了使螺母块在钳座上移动自如，它的下部凸出部分的上表面有较严的表面粗糙度要求，*Ra* 值选 1.6μm。

（二）测绘活动钳身

1. 选择零件视图并确定表达方案

活动钳身的左侧为阶梯形半圆柱体，右侧为长方体，前后向下凸出部分包住固定钳身前后两侧面；中部的阶梯孔与螺母块上部圆柱体相配合。

活动钳身的主视图采用全剖视，表示中间的阶梯孔，左侧阶梯形和右侧向下凸出部分的形状；俯视图主要表达活动钳身的外形，并用局部剖视图表示螺钉孔的位置及深度；再通过 *A* 向局部视图补充表示下部凸出部分的形状。

2. 测量并标注尺寸

以活动钳身右端面为长度方向尺寸主要基准，注出尺寸 25 和 7，以圆柱孔中心线为辅助基准注出 ϕ28、ϕ20，以及 *R*24 和 *R*40，长度方向尺寸 65 是参考尺寸；以前后对称中心线为宽度方向尺寸主要基准，注出尺寸 92 和 40，以螺孔轴线为辅助基准，注出 2×M8，在 *A* 向视图中标注尺寸 82 和 5；以底面为高度方向尺寸主要基准，注出尺寸 6、16、26，以顶面为辅助基准，注出尺寸 8 和 36，并在 *A* 向视图中注出螺孔定位尺寸 11±0.3（见图 4-5）。

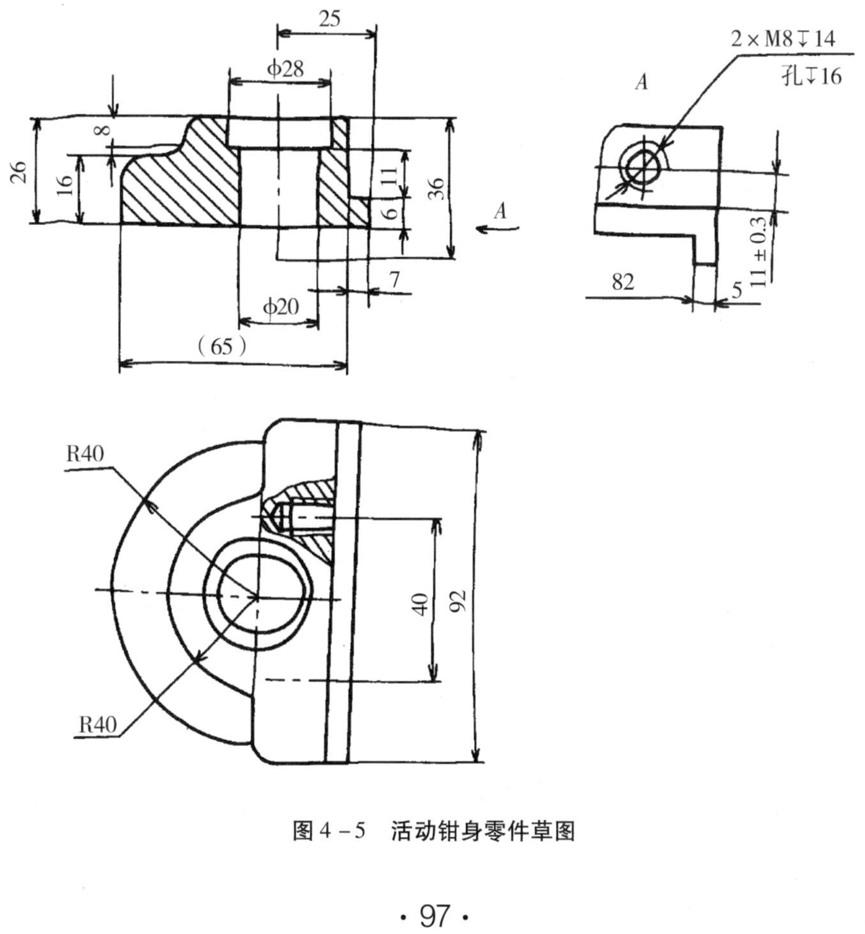

图 4-5　活动钳身零件草图

标注零件尺寸时，要特别注意机用虎钳中有装配关系的尺寸，应彼此协调，不要互相矛盾。如螺母块上部圆柱的外径和同它相配合的活动钳身中的孔径应相同，螺母块下部的螺孔尺寸与螺杆要一致，活动钳身前后向下凸出部分与固定钳身前后两侧面相配合的尺寸应一致。

3. 确定材料和技术要求

活动钳身是铸件，一般选用中等强度的灰铸铁 HT200；活动钳身底面的表面粗糙度 *Ra* 值有较严的要求，选 1.6μm。对于非工作表面如活动钳身的外表面 *Ra* 值可选 6.3μm。

（三）测绘螺杆

1. 选择零件视图并确定表达方案

螺杆为轴类零件，位于固定钳座左右两圆柱孔内，转动螺杆使螺母块带动活动钳身左右移动，可夹紧或松开工件。螺杆主要由三部分组成，左部和右部的圆柱部分起定位作用，中间为螺纹，右端用于旋转螺杆。螺杆主要在车床上加工。

根据零件的形状特征，按加工位置或工作位置选择主视图，再按零件的内外结构特点选用必要的其他视图和剖视、断面等表达方法。为了表达螺杆的结构特征，按加工位置使轴线水平放置，用一个视图表达，并用一个移出断面、一个局部放大、一个局部剖视图分别表达方榫、螺纹、销孔。

2. 测量并标注尺寸

以螺杆水平轴线为径向尺寸主要基准，注出各轴段直径；以退刀槽右端面为长度方向尺寸主要基准，注出尺寸 32、174 和 4×ϕ12，再以两端面为辅助基准注出各部分尺寸。

3. 确定材料和技术要求

对于轴、杆、键、销等零件通常选用碳素结构钢，螺杆的材料采用 45 钢；为了使螺杆在钳身左右两圆柱孔内转动灵活，螺杆两端轴颈与圆孔采用基孔制间隙配合（ϕ18H8/f7、ϕ12H8/f7）。如图 4－6 所示。

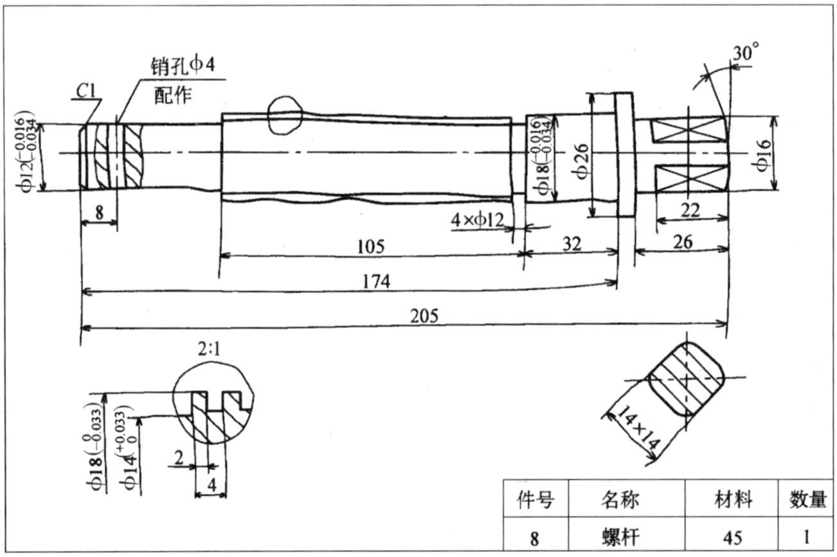

图 4－6　螺杆零件草图

（四）测绘固定钳身

1. 选择零件视图并确定表达方案

固定钳身的结构形状为左低右高，下部有一空腔，且有一工字形槽。空腔的作用是放置螺杆和螺母块，工字形槽的作用是使螺母块带动活动钳身作水平方向左右移动。

固定钳身的主视图按其工作位置选择。按其结构形状再增加俯视图和左视图。为表达内部结构，主视图采用全剖视，左视图采用半剖视，俯视图采用局部剖视。

2. 测量并标注尺寸

固定钳身长、宽、高三个方向的基准选择和标注尺寸的步骤请读者自行分析。下面对标注钳身尺寸时应特别注意的地方分析如下：孔 $\phi12$ 和 $\phi18$ 宜注出公差带代号和公差数值 $\phi12H8\ (^{+0.027}_{0})$、$\phi18H8\ (^{+0.027}_{0})$，以便加工时借用量规检验孔径是否合格；钳身前后两面间距的尺寸 82 宜给出 f7，便于使用卡规检验，同时注出极限偏差，便于加工时控制实际尺寸 $\phi82f7\ (^{-0.036}_{-0.071})$；主视图中的尺寸 20 和左视图中的尺寸 11 两个尺寸所选基准应保持与活动钳身一致（对应），以便两钳口板装上后顶面平齐，也有利于装配后修磨两钳口顶面有装配功能要求的螺孔，光孔组的孔距一般设计选用 ±0.3 公差即可，如左视图中的 11 ±0.3 和 40 ±0.3。

3. 确定材料和技术要求

固定钳身是铸件，一般选用中等强度的灰铸铁 HT200。凡与其他零件有相对运动的表面，如钳座工字形槽的上表面、轴孔内表面等表面粗糙度要求较严，选择 *Ra* 值 1.6μm，其他非工作表面 *Ra* 值为 6.3μm，标注时可采用多个表面的简化注法，如图 4 –7 所示。

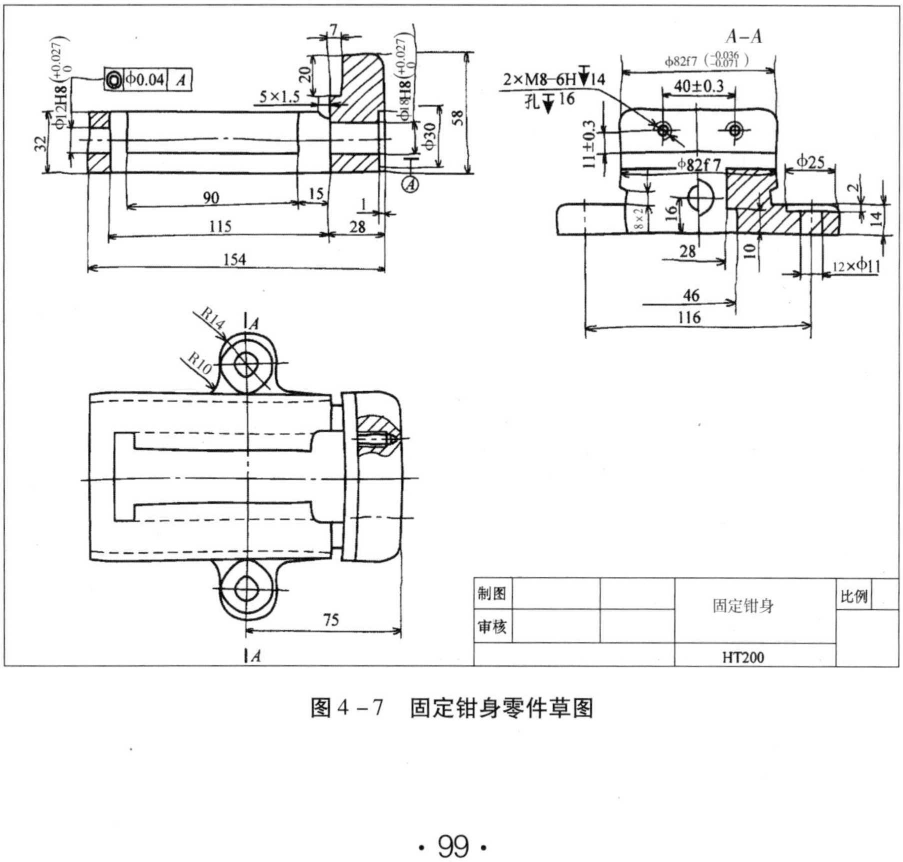

图 4 –7　固定钳身零件草图

五、绘制机用虎钳装配图

零件草图完成后，根据装配示意图和零件草图绘制装配图，如图 4 －8 所示。在绘制装配图的过程中，对草图中存在的零件形状和尺寸的不妥之处作必要的修正。

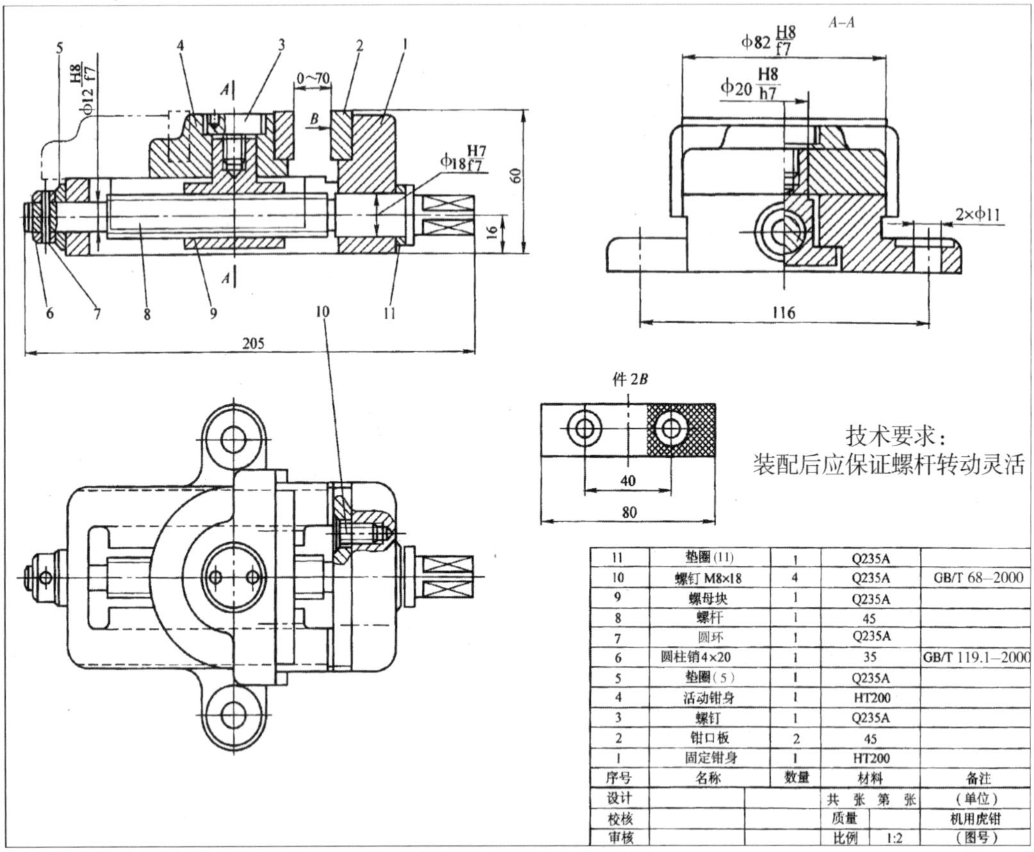

11	垫圈(11)	1	Q235A	
10	螺钉 M8×18	4	Q235A	GB/T 68—2000
9	螺母块	1	Q235A	
8	螺杆	1	45	
7	圆环	1	Q235A	
6	圆柱销4×20	1	35	GB/T 119.1—2000
5	垫圈(5)	1	Q235A	
4	活动钳身	1	HT200	
3	螺钉	1	Q235A	
2	钳口板	2	45	
1	固定钳身	1	HT200	
序号	名称	数量	材料	备注
设计			共 张 第 张	(单位)
校核			质量	机用虎钳
审核			比例 1:2	(图号)

图 4 －8　机用虎钳的装配图

(一) 确定机用虎钳装配图的表达方式

主视图画成通过主要装配干线进行剖切的剖视图，以反映出部件中各零件间的装配关系；左视图采用半剖，补充表达活动钳身和固定钳身的装配关系及螺母块的结构特点；俯视图补充表达固定钳身的结构特点。

(二) 确定图纸幅面和绘图比例

图纸幅面和绘图比例应根据装配体的复杂程度和实际大小来选用，应清楚表达出主要装配关系和主要零件的结构。选用图幅时，还应注意在视图之间留有足够的空隙，以便标注尺寸、编写零件序号、注写明细栏和技术要求等。

(三) 装配图的绘图步骤

机用虎钳装配图的作图步骤如图 4 －9 所示：

(1) 画出各视图的主要轴线、对称中心线及作图基准线，如图 4 －9 (a) 所示。

（2）画出主要零件固定钳身的轮廓线，三个视图要联系起来画，如图 4－9（b）所示。

（3）画活动钳身的轮廓线，如图 4－9（c）所示。

（4）画出其他零件，如图 4－9（d）所示。

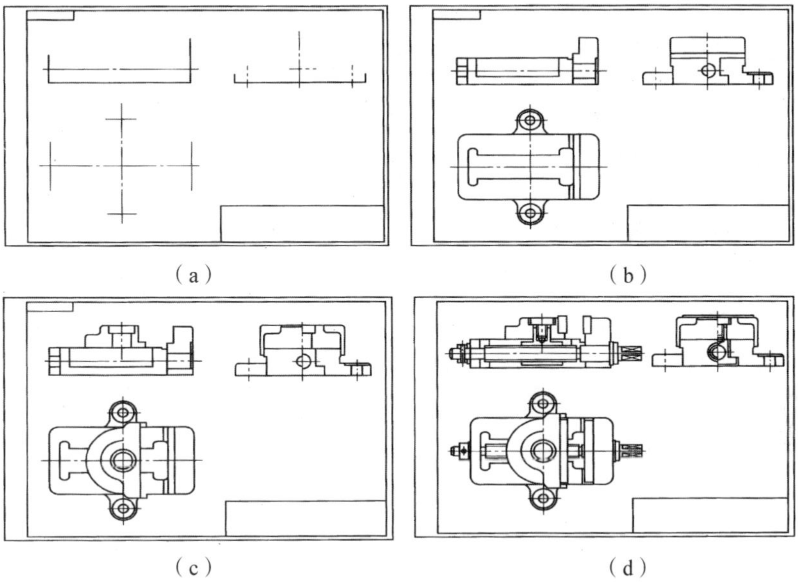

图 4－9　机用虎钳装配图的作图步骤

（四）机用虎钳装配图上应标注的尺寸

（1）性能尺寸。装夹零件的最大尺寸 0～70。

（2）装配尺寸。螺杆和固定钳身孔的配合尺寸 ϕ18H7/f7、ϕ12H8/f7；螺母块与固定钳身的配合尺寸 ϕ20H8/h7；固定钳身和活动钳身的配合尺寸 ϕ82H8/f7。

（3）外形尺寸。长 205，宽 108，高 60。

（4）安装尺寸。2×ϕ11，116。

（五）机用虎钳装配后的要求

（1）装配后应保证螺杆转动灵活。

（2）装配后加紧两钳口板，磨削两侧面，以保证和方便工件的定位与测量至平齐并保证 *Ra*1.6。

六、绘制零件工作图

画装配图的过程，也是进一步校对零件草图的过程，而画零件工作图则是在零件草图经过画装配图进一步校核后进行的。从零件草图到零件工作图不是简单的重复照抄，应再次检查、及时订正，并按装配图中选定的极限与配合要求，在零件工作图上注写尺寸公差数值，标注几何公差代号和表面结构要求符号。

机用虎钳的零件工作图如图 4－10 至图 4－14 所示。

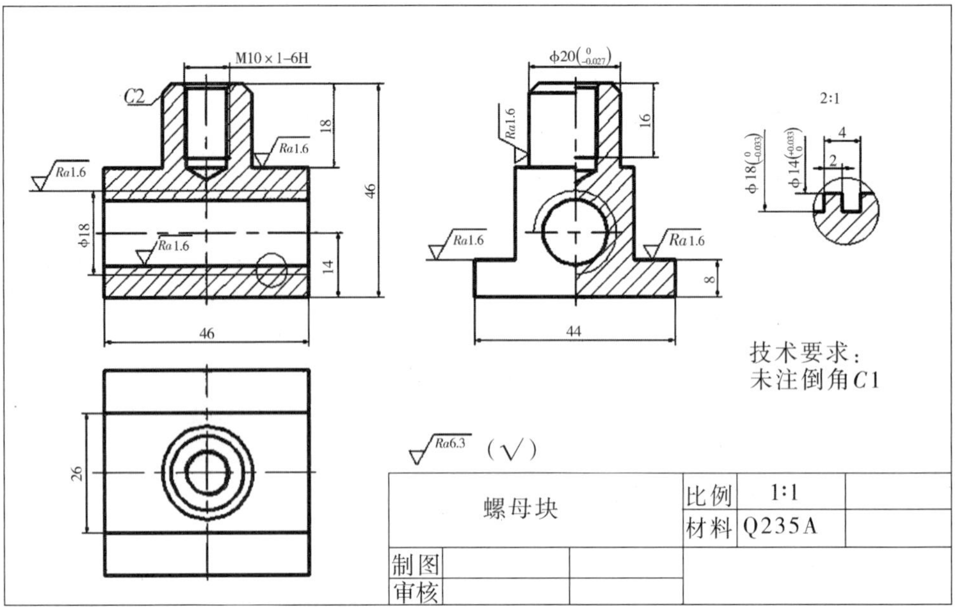

图 4 – 10　螺母块零件工作图

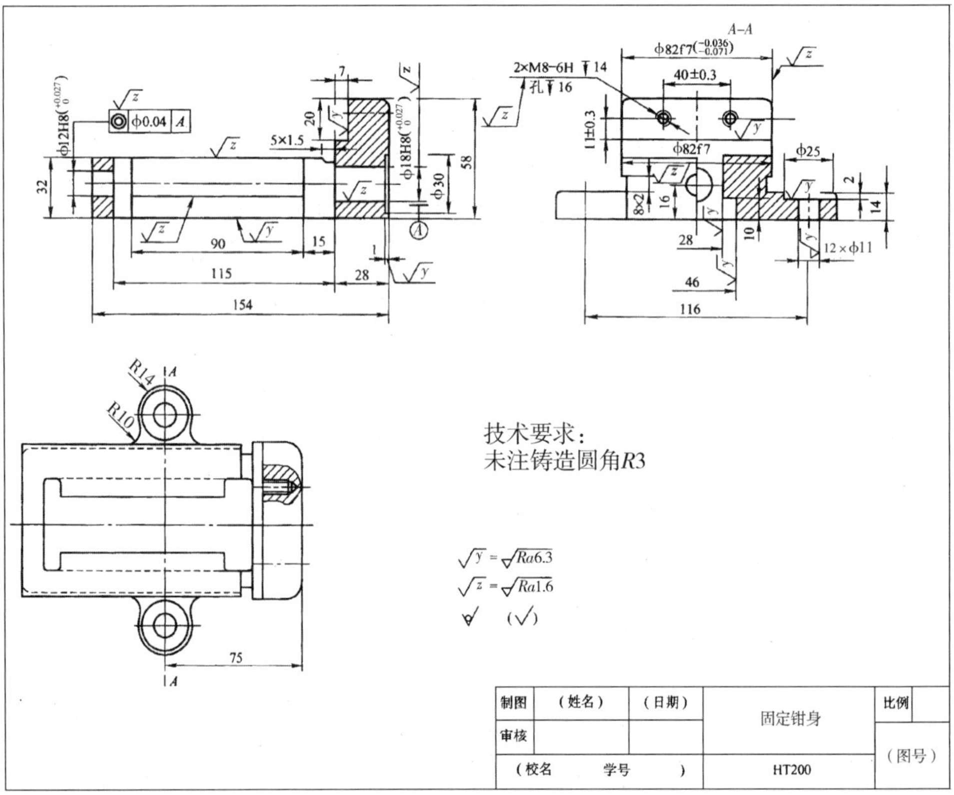

图 4 – 11　固定钳身零件工作图

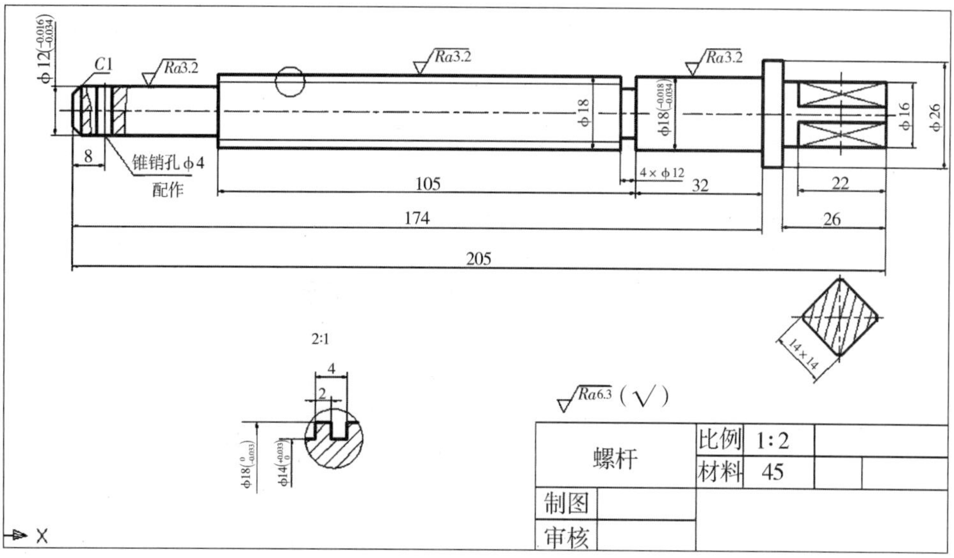

图 4－12　**螺杆零件工作图**

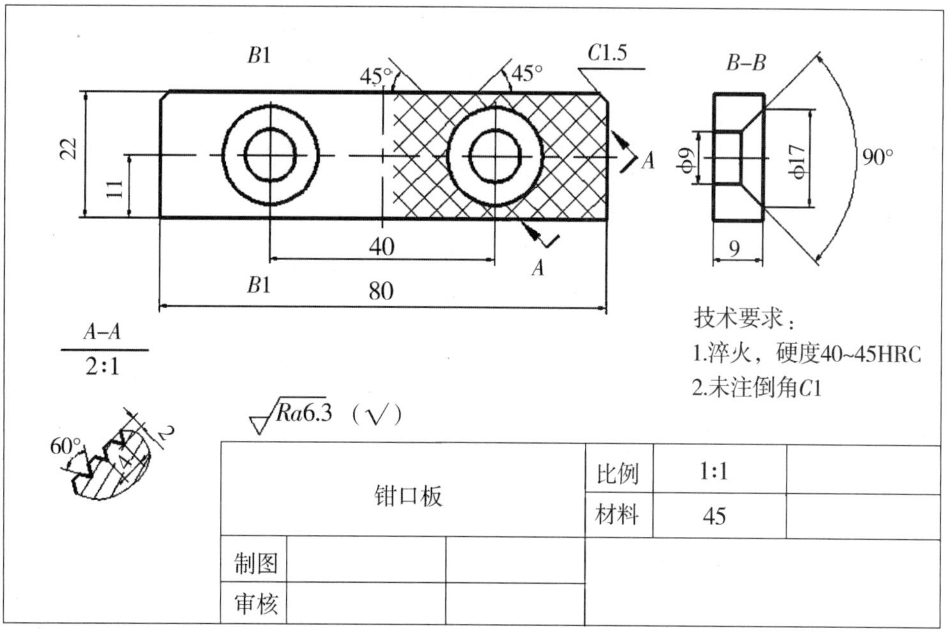

图 4－13　**钳口板零件工作图**

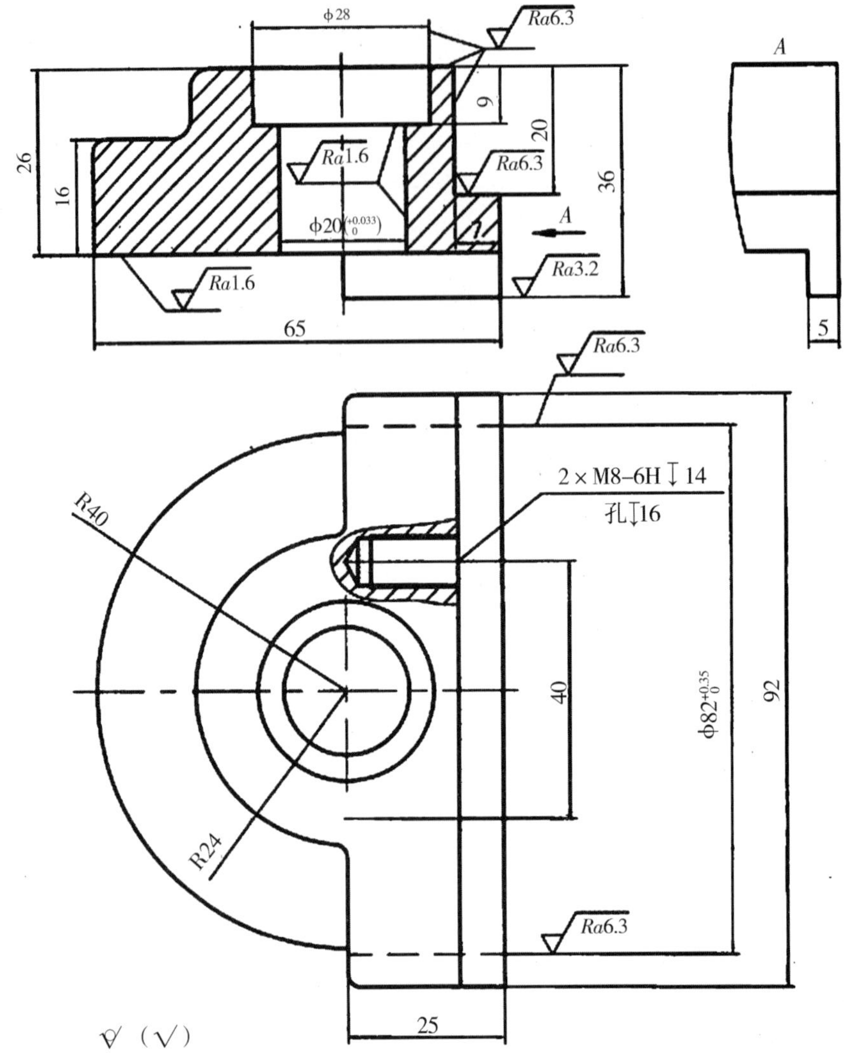

活动钳身	比例	1:1		
	材料	HT200		
制图				
审核				

图 4－14　活动钳身零件工作图

第二节 一级圆柱齿轮减速器的测绘

一级圆柱齿轮减速器立体图如图 4 - 15 所示。

图 4 - 15 一级圆柱齿轮减速器

一、一级圆柱齿轮减速器的工作原理和结构分析

(一) 减速器的工作原理

一级圆柱齿轮减速器是一种以降低机器转速为目的的专用部件，由电动机通过皮带轮带动主动小齿轮轴（输入轴）转动，再由小齿轮带动从动轴上的大齿轮转动，将动力传递到大齿轮轴（输出轴），以实现减速的目的。

一级圆柱齿轮减速器的结构示意图如图 4 - 16 所示。一级圆柱齿轮减速器的动力和运动由电动机通过皮带轮传送到主动齿轮轴，再由齿轮轴上的小齿轮和装在箱体内的从动大齿轮啮合，将动力和运动传递到从动轴，以实现减速的目的。

(二) 减速器的结构分析

该减速器有两条装配线，即两条轴系结构，主动齿轮轴和从动轴的两端分别由滚动轴承支承在机座上。由于该减速器采用直齿圆柱齿轮传动，不受轴向力影响，因此，两轴均由深沟球轴承支承，轴和轴承采用过渡配合，有较好的同轴度，因而可保证齿轮啮合的稳定性。4 个端盖即大透盖、大闷盖、小透盖、小闷盖分别嵌入箱体内的环槽中，确定了轴和轴上零件相对于机体的轴向位置。同一轴系的两槽所对应轴上各装有 8 个零件，其尺寸等于各零件尺寸之和。为了避免积累误差过大，保证装配要求，两轴上各装有一个调整环，装配时只需调整大调整环、小调整环的厚度，使其总间隙达到要求 0. 08 ~0. 12mm，即可满足轴向游隙要求。

机体由两部分组成，采用上下剖分式结构，沿两轴线平面分为机盖和机座，两零件采用螺栓连接，便于装配和拆卸。为了保证机体上轴承孔的正确位置和配合尺寸，两零件必须装配后才能加工轴承孔，因此，在机盖与机座左右两边的凸缘处分别采用两圆锥销无间隙定位，保证机盖与机座的相对位置。锥销孔钻成通孔，便于拆装。机体前后对称，其中间空腔内安置两啮合齿轮，轴承和端盖对称分布在齿轮的两侧。

减速器的齿轮工作时采用浸油润滑，机座下部为油池，油池内装有润滑油。从动齿轮的轮齿浸泡在油池中，转动时可把油带到啮合表面，起润滑作用。为了控制机座油池中的油量，油面高度通过透明的有机玻璃圆形油标观察。轴承依靠大齿轮搅动油池中的油来润滑，为防止甩向轴承的油过多，在主动轴支承轴承内侧设置了挡油环。

轴承端盖采用嵌入式结构，不用螺钉固定，结构简单，同时减轻了质量，缩短了轴承座尺寸；缺点是调整不方便，只能用于不可调轴承。输入轴和输出轴的一端从透盖孔中伸出，为避免轴和盖之间摩擦，盖孔与轴之间留有一定间隙，端盖内装有毛毡密封圈，紧紧套在轴上，可防止油向外渗漏和异物进入箱体内。

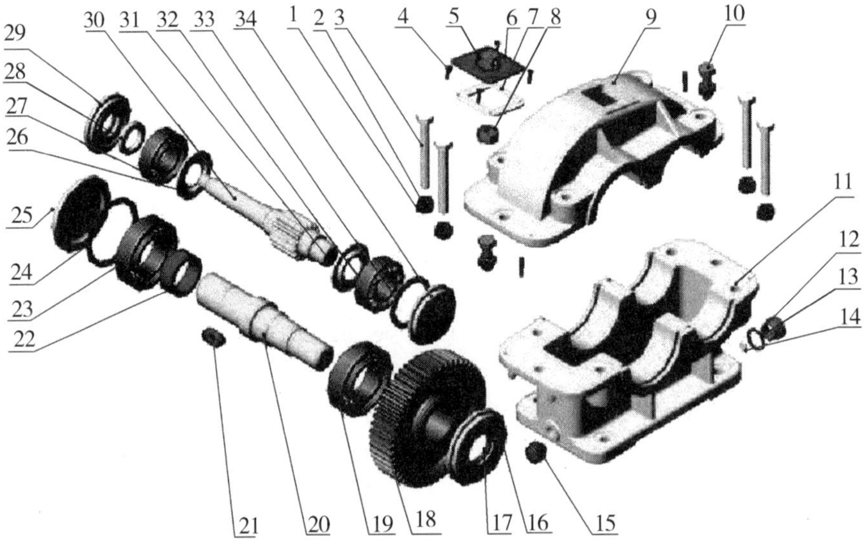

1—螺母；2—垫圈；3—螺栓；4—螺钉；5—透气塞；6—视孔盖；7—垫片；
8—螺母；9—机盖；10—螺栓；11—机座；12—油标；13—耐油橡胶垫圈；
14—支承片；15—放油塞；16—大透盖；17—大毛毡圈；18—从动齿轮；
19—轴承；20—从动轴；21—键；22—支承环；23—轴承；24—大调整环；
25—大闷盖；26—挡油环；27—轴承；28—小毛毡圈；29—小透盖；
30—主动齿轮轴；31—挡油环；32—轴承；33—小调整环；34—小闷盖

图 4－16　一级圆柱齿轮减速器结构示意图

当减速器工作时，由于一些零件摩擦而发热，箱体内温度会升高，从而引起气体热膨胀，导致箱体内压力增高，因此，在顶部设计有透气装置，如透气塞是为了排放箱体内的膨胀气体，减小内部压力而设置的。透气塞的小孔使箱体内的膨胀气体能够及时排出，从而避免箱体内的压力增高。拆去视孔盖后可监视齿轮磨损情况或加油。油池底面应有斜度，放油时能使油顺利流向放油孔位置。放油塞用于清洗放油，其螺孔应低于油池底面，以便于放尽油泥。

箱座的左右两边各有两个成钩状的加强肋，作起吊运输用；机盖重量较轻，可不设起重吊环或吊钩。

二、拆卸一级圆柱齿轮减速器

（一）拆卸工具

用到的工具有钳工锤、手钳、活动扳手、起子、冲子（或铁钉）和轴承拉拔器（或木块）等。

（二）拆卸方法和顺序

（1）拆箱盖的视孔盖和透气塞。用扳手将螺钉卸下，拆出视孔盖和垫片，再拆出视孔盖上的透气塞和螺母、垫圈。

（2）拆卸箱盖。用手钳和冲子（或铁钉）敲出圆锥销（注意从箱体方向向上敲出），用扳手拧松螺母，拆出所有螺母、垫圈和螺栓，卸下箱盖。

（3）拆卸轴。从箱体内把轴系的零件全部取出，然后分别卸下两端的大闷盖和大透盖，卸下大定距环，用拉拔器分别把两个轴承取出，如没有拉拔器，则用木块和钳工锤敲出滚动轴承，卸下轴套和齿轮，用手钳夹出平键（一般最好不要拆出，以免破坏平键的配合精度）。

（4）拆卸齿轮轴。从箱体内把齿轮轴系的零件取出，然后分别卸下两端的小闷盖和小透盖，卸下小定距环，用拉拔器分别把两个轴承取出，卸下两个甩油环。

（5）拆卸螺塞和油标。用扳手拧松螺塞，卸下箱体排污油孔的螺塞和垫片。用起子拧松圆柱头螺钉，卸下压盖、油面镜片、反光片和垫片。

拆卸时边拆卸边记录（见表4－3），并编制标准件明细表（见表4－4）。

表4－3　减速器拆卸记录

步骤次序	拆卸内容	遇到问题	备注	步骤次序	拆卸内容	遇到问题	备注
1	螺栓			7	箱体		
2	销			8	键		
3	箱盖			9	透盖		
4	闷盖			10	滚动轴承		
5	调整环			11	挡油环		
6	齿轮轴						

表 4-4　减速器标准件明细表

序号	名称	标记	材料	数量	备注
1	销	GB/T 117—2000　A4×18	45	1	
2	螺栓	GB/T 5783—2000　M8×65	35	4	
3	垫圈	GB/T 97.1—2002　8-140HV	Q235A	4	
4	螺钉	GB/T 67—2008　M3×10	Q235A	4	
5	螺栓	GB/T 5782—2000　M8×25	Q235A	2	
6	放油塞	JB/ZQ 4450—1997	Q235A	1	
7	滚动轴承	GB/T 276—1994		2	
8	毛毡圈		毛毡	1	
9	键	GB/T 1096—2003　10×10	35	1	
10	滚动轴承	GB/T 276—1994		2	

三、绘制一级圆柱齿轮减速器装配示意图

在拆卸零件的过程中，将减速器的装配示意图画出，如图 4-17 所示。

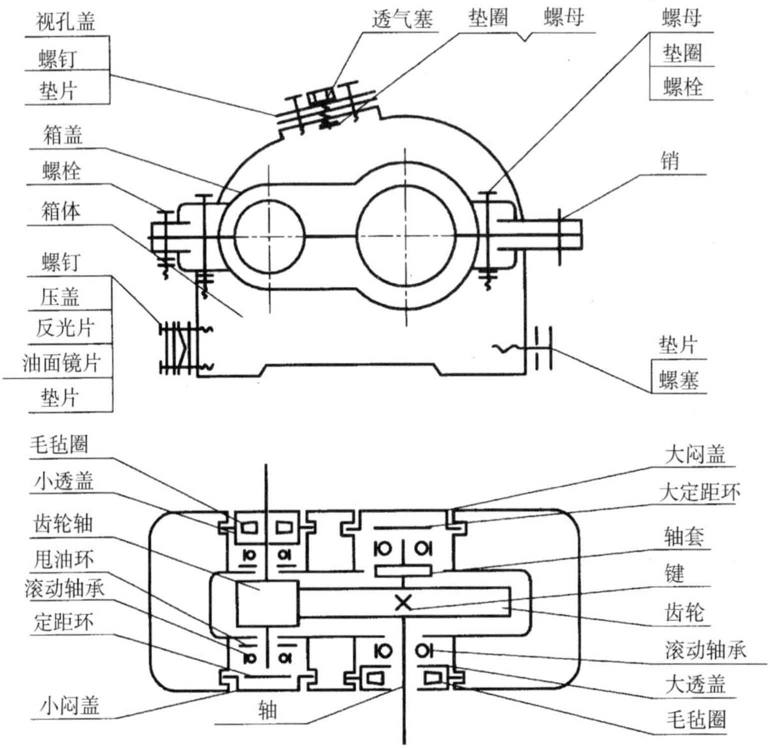

图 4-17　一级圆柱齿轮减速器装配示意图

四、绘制一级圆柱齿轮减速器零件草图

（一）绘制机盖草图

机盖内外形状比较复杂，主视图作局部剖视。左视图采用全剖视图来反映两半圆孔结构及铸件的多处壁厚。如图 4－18 所示。

（二）绘制机座草图

机座采用五个图形表达，如图 4－19 所示。

（三）绘制齿轮轴草图

如图 4－20 所示，齿轮轴草图共用两个图形表达。主视图以表达外形为主，另外用一个断面图表达键槽尺寸。

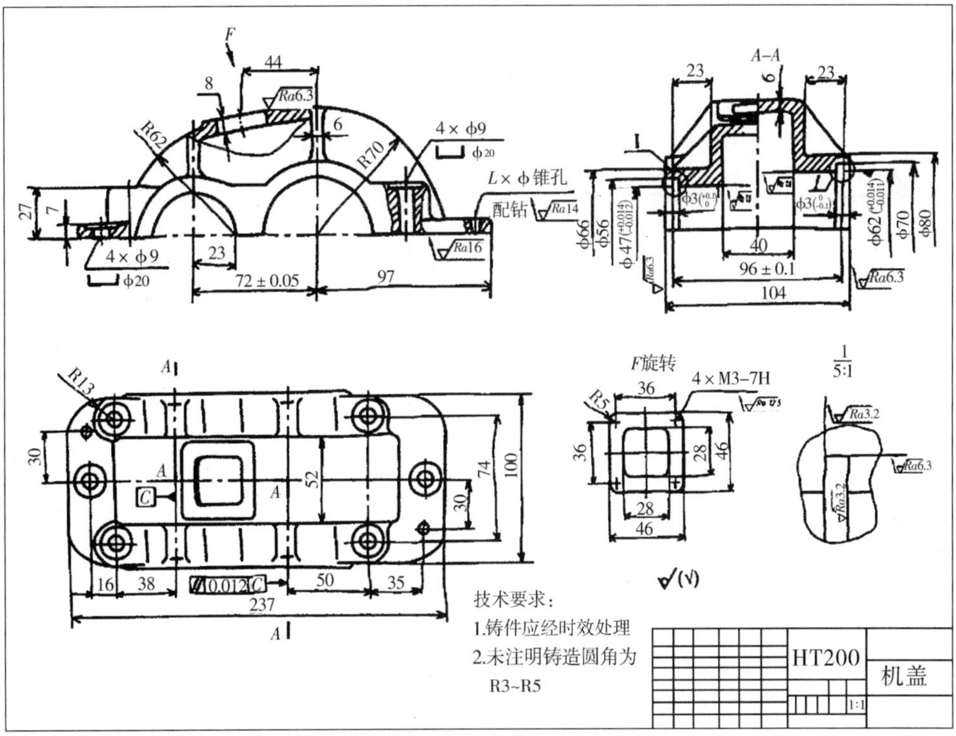

图 4－18 机盖零件草图

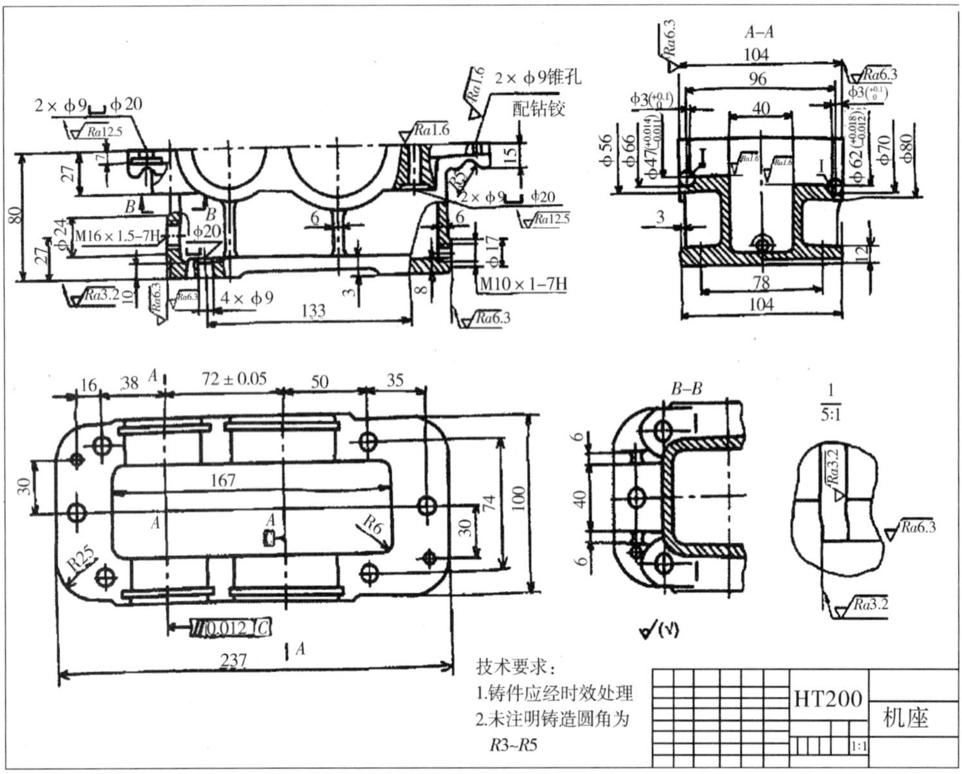

图 4－19　机座零件草图

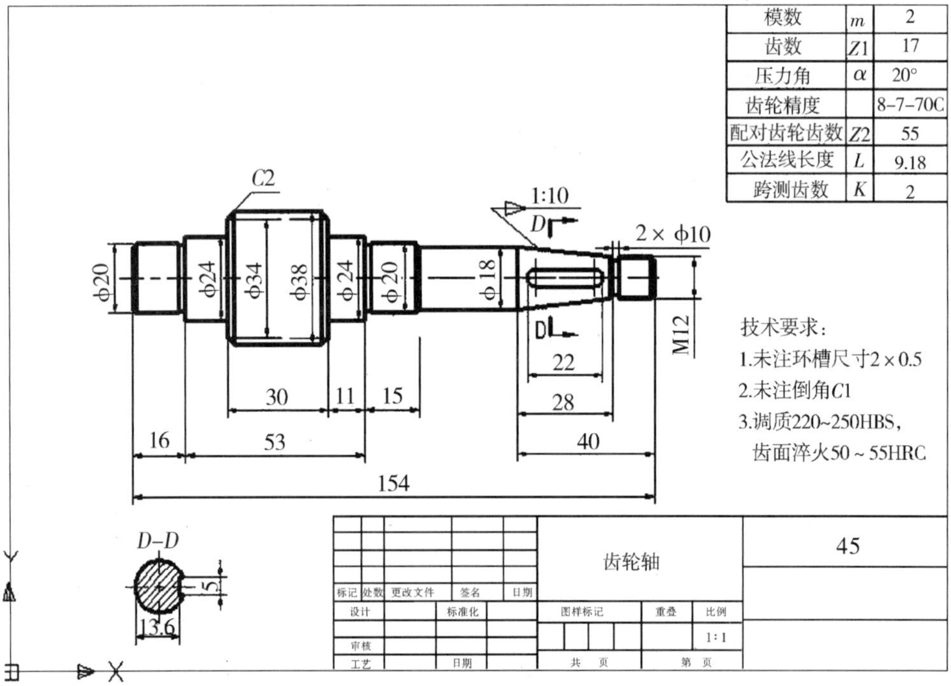

图 4－20　齿轮轴零件草图

五、绘制一级圆柱齿轮减速器装配图

（一）减速器装配图的表达方案分析

该一级圆柱齿轮减速器装配图选用主视图、俯视图、左视图三个基本视图来表达。按工作位置选择的主视图是要表达整个部件的外形特征，通过几处局部剖视，反映了视孔盖和透气塞、油标、放油孔与螺塞等部位的装配关系和各零件间的相对位置及连接方式。

为了清楚表明减速器的齿轮轴两条主要装配干线和轴上各零件的相对位置以及装配关系，俯视图采用沿箱盖和箱体的结合面剖切来表达。剖开后可以清晰地展现出轴上各零件及轴与轴之间的装配和传动关系。在俯视图中，两轴属于实心零件（包括齿轮轴上的小齿轮），沿轴向剖切时，应按不剖处理，而大齿轮不属于实心零件，为反映大齿轮与小齿轮之间的啮合关系，图中在啮合处对齿轮轴作局部剖视表达。左视图主要是补充表达减速器的外部形状。

（二）画装配图

（1）定比例、选图幅、视图定位布局如图 4－21（a）所示，图形比例大小及图纸幅面大小应根据减速器的大小、复杂程度以及尺寸标注、序号、明细表所占的位置综合考虑确定。视图定位布局画出视图的轴线、底面和箱体的对称面。

（2）逐层画出图形。

①画齿轮啮合及键连接，如图 4－21（b）所示。在俯视图中，以箱体的对称面为中心平面，画出两齿轮的轮廓。

②画齿轮轴和轴，如图 4－21（c）所示。画轴时，由于轴肩与齿轮的轮毂端面接触，所以轴以此定位。

③画箱体和箱盖，如图 4－21（d）所示。在俯视图中，使齿轮宽度方向（即轴向）的中心平面与箱体前后方向的中心平面重合。

④画两轴系零件，沿齿轮的两端逐一画出轴上其他零件，如图 4－21（e）所示。

⑤画其他零件及细部结构，如图 4－21（f）所示。

（3）检查校对全图，清洁图面，描粗、加深图线、画剖面线，注意相邻零件的剖面符号方向相反或间隔错开，如图 4－22 所示。

（4）标注尺寸，编写零件序号。填写明细表、标题栏及技术要求等。

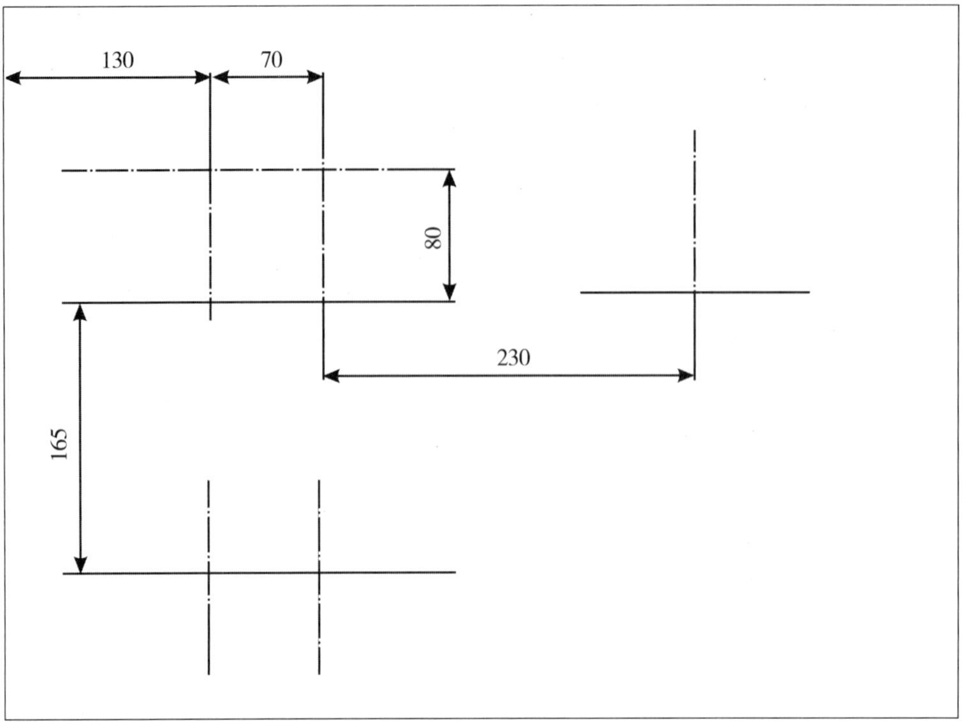

（a）定比例、选图幅、视图定位布局

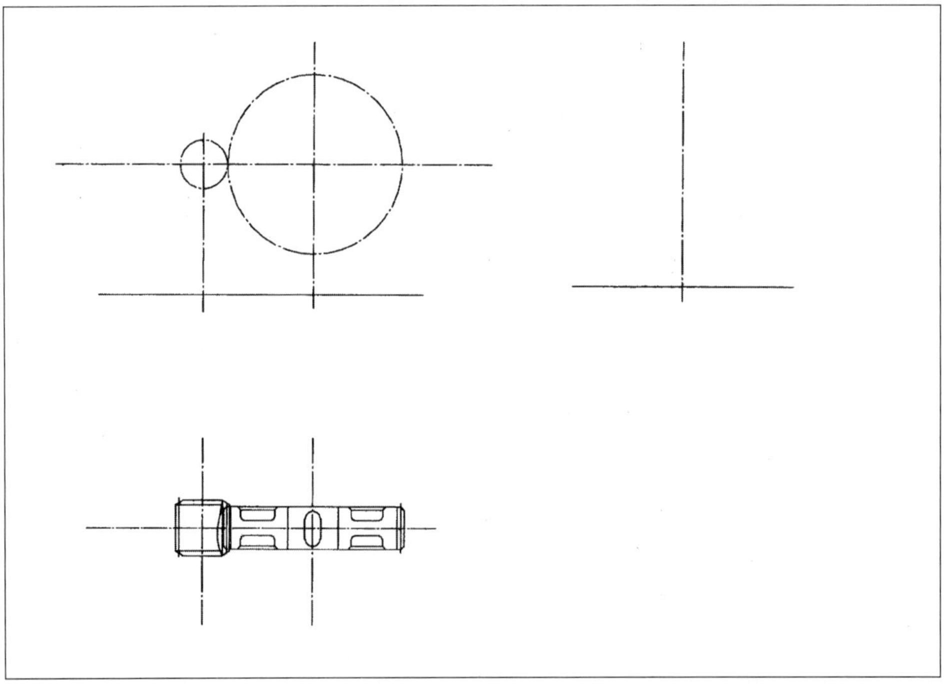

（b）画齿轮啮合及键连接

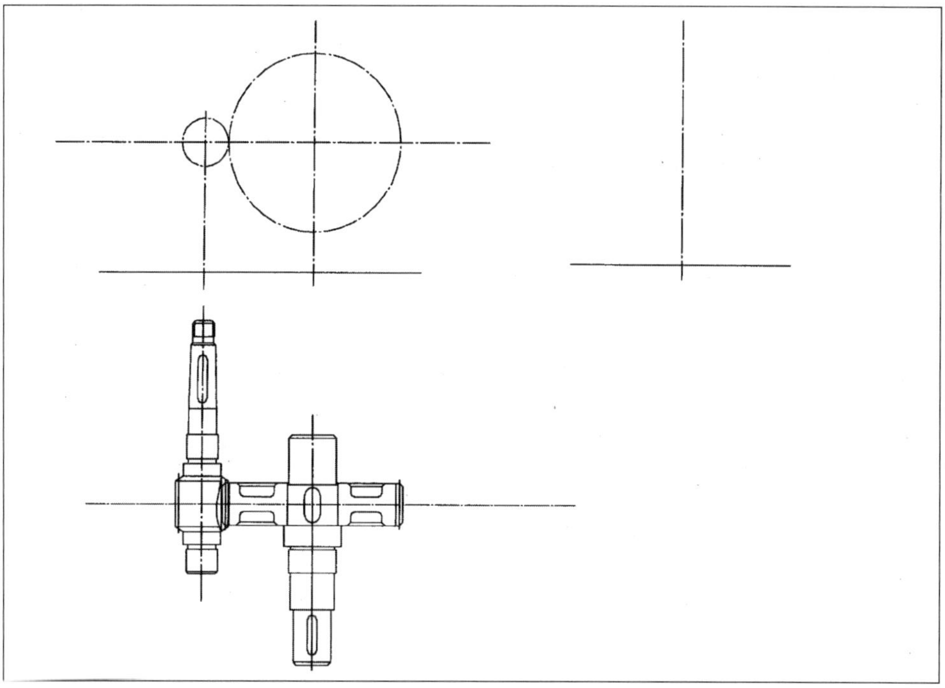

（c）画齿轮轴和轴

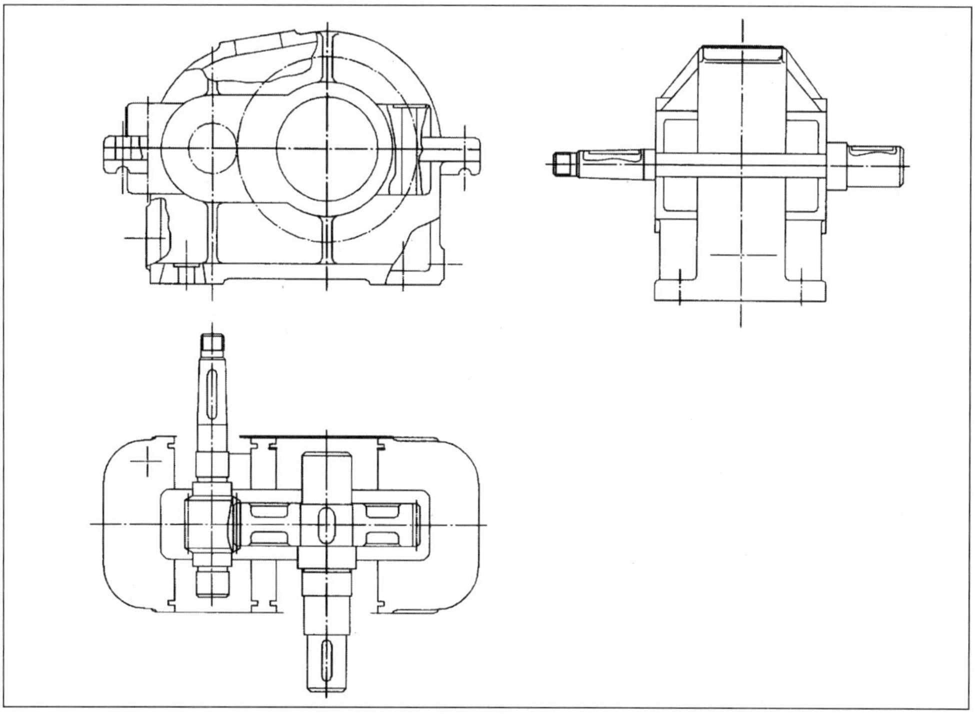

（d）画箱体和箱盖

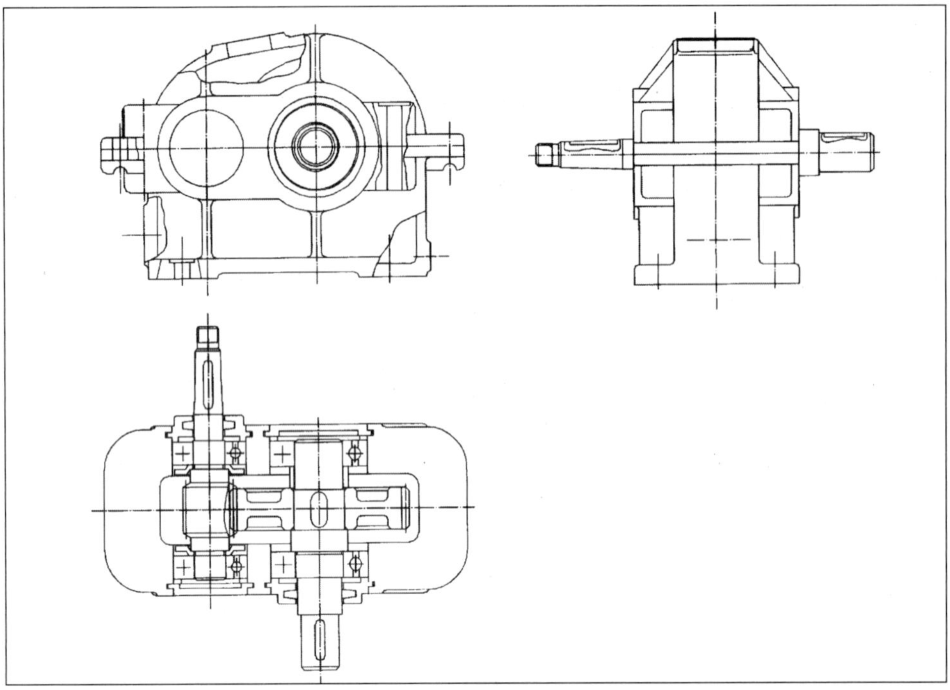

(e) 画两轴系零件

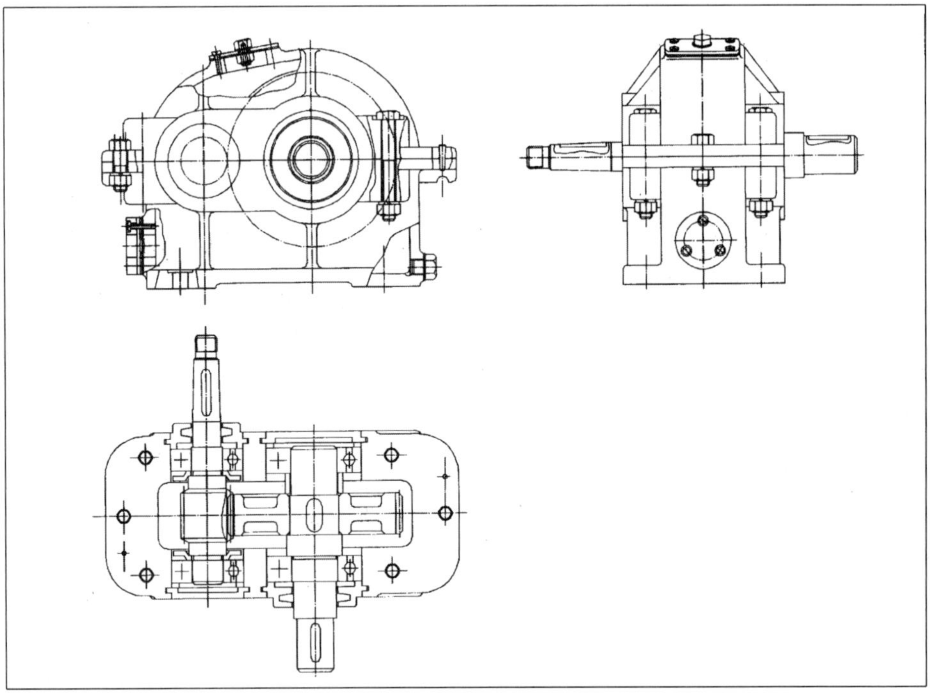

(f) 画其他零件及细部结构

图 4-21　减速器装配图画图步骤

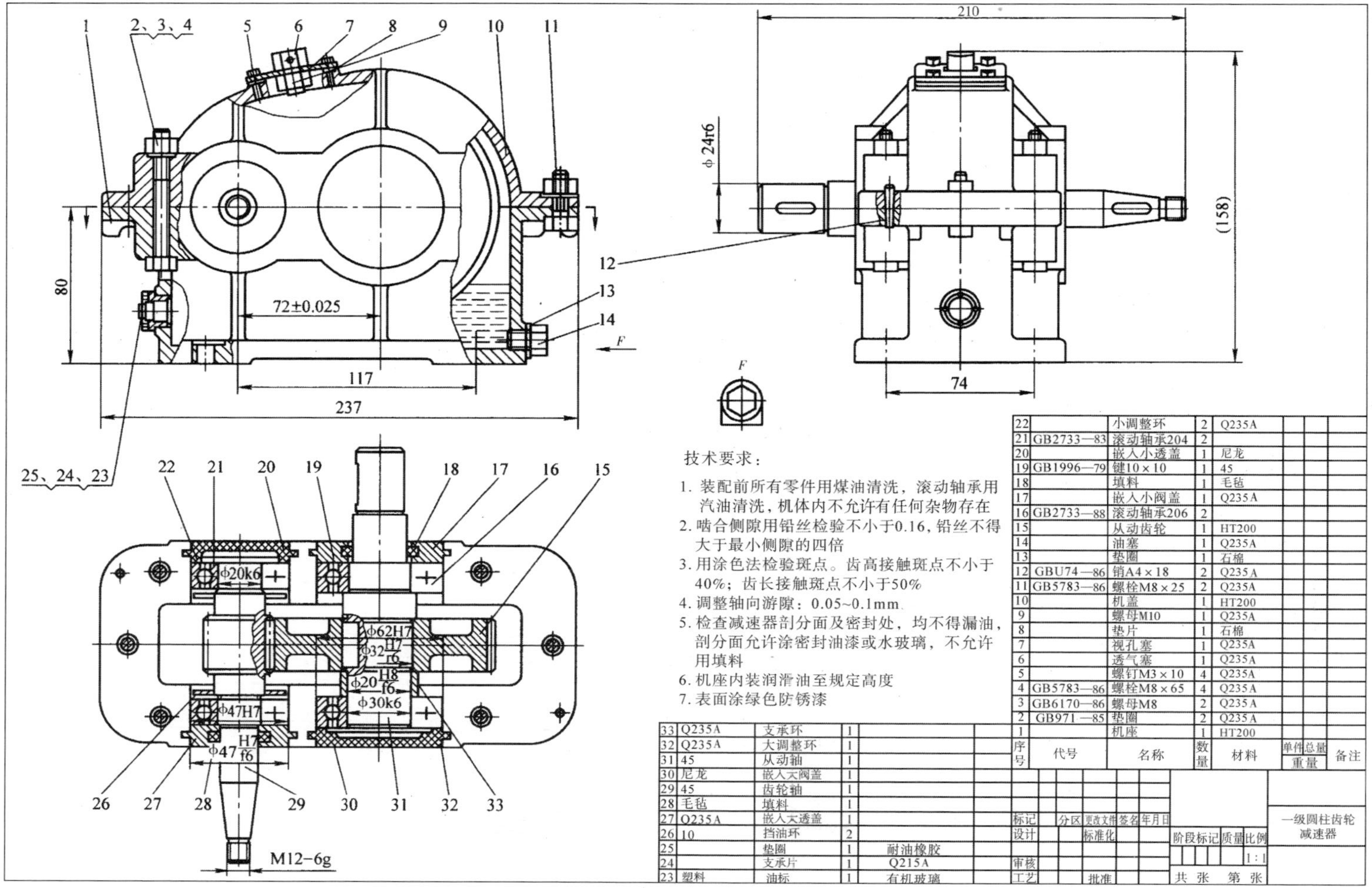

序号	代号	名称	数量	材料	单件重量	总重量	备注
22		小调整环	2	Q235A			
21	GB2733—83	滚动轴承204	2				
20		嵌入小透盖	1	尼龙			
19	GB1996—79	键10×10	1	45			
18		填料	1	毛毡			
17		嵌入小阀盖	1	Q235A			
16	GB2733—88	滚动轴承206	2				
15		从动齿轮	1	HT200			
14		油塞	1	Q235A			
13		垫圈	1	石棉			
12	GBU74—86	销A4×18	2	Q235A			
11	GB5783—86	螺栓M8×25	2	Q235A			
10		机盖	1	HT200			
9		螺母M10	1	Q235A			
8		垫片	1	石棉			
7		视孔塞	1	Q235A			
6		透气塞	1	Q235A			
5		螺钉M3×10	4	Q235A			
4	GB5783—86	螺栓M8×65	4	Q235A			
3	GB6170—86	螺母M8	2	Q235A			
2	GB971—85	垫圈	2	Q235A			
1		机座	1	HT200			

序号	代号	名称	数量	材料
33	Q235A	支承环	1	
32	Q235A	大调整环	1	
31	45	从动轴	1	
30	尼龙	嵌入大阀盖	1	
29	45	齿轮轴	1	
28	毛毡	填料	1	
27	Q235A	嵌入大透盖	1	
26	10	挡油环	2	
25		垫圈	1	耐油橡胶
24		支承片	1	Q215A
23	塑料	油标	1	有机玻璃

标记	分区	更改文件	签名	年月日					一级圆柱齿轮减速器
设计		标准化			阶段标记	质量	比例		
							1:1		
审核									
工艺		批准			共　张	第　张			

图4-22　减速器装配图

六、绘制一级圆柱齿轮减速器零件工作图

在绘制完装配图后，对不符合装配关系的零件草图作必要修改。最后根据整理好的零件草图再绘制零件工作图。

如图 4－23、图 4－24 和图 4－25 所示，分别是经整理后绘制的机盖零件工作图、机座零件工作图和齿轮轴零件工作图。

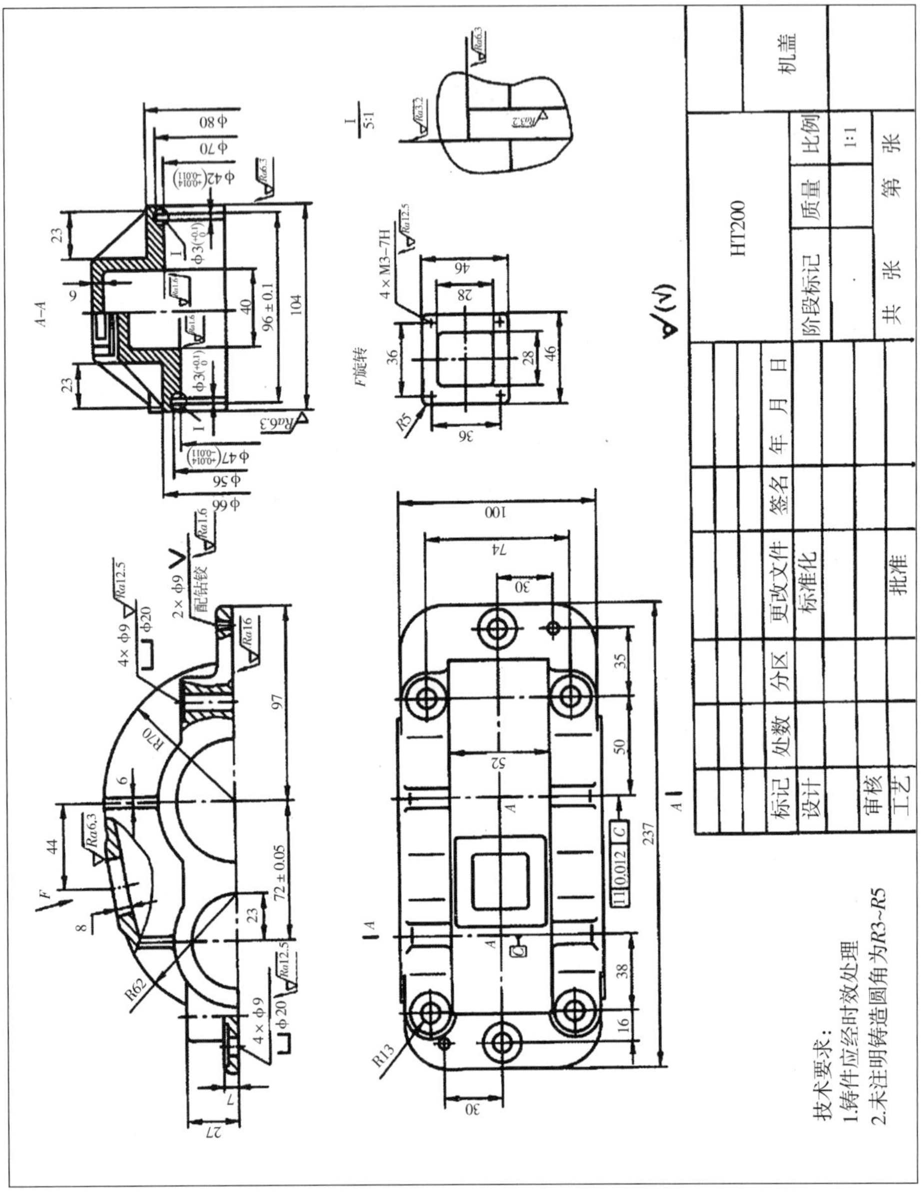

图4–23 机盖零件工作图

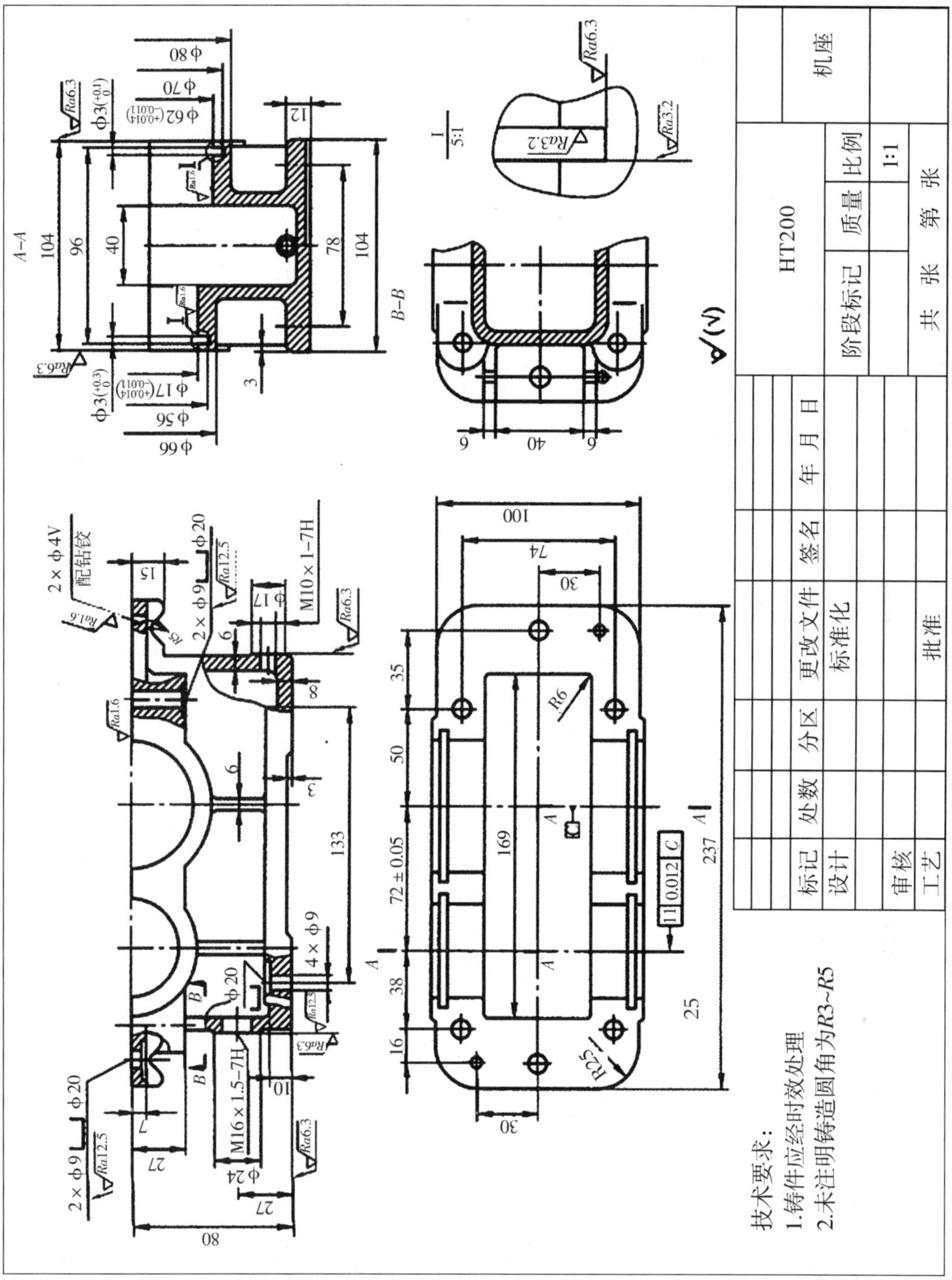

图4-24　机座零件工作图

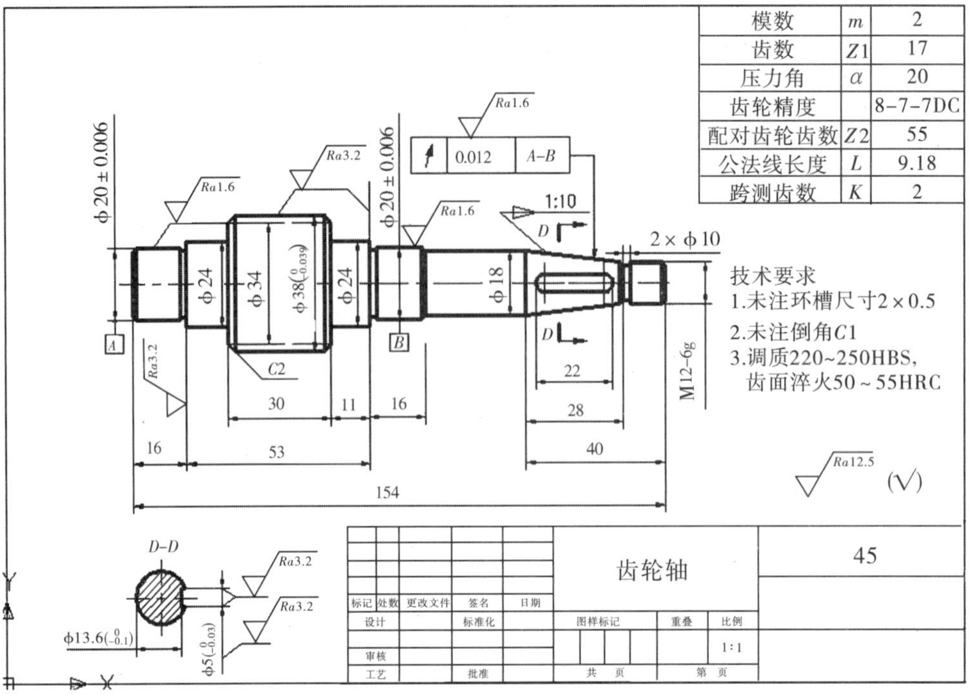

图 4－25　齿轮轴零件工作图

第三节　齿轮油泵的测绘

齿轮油泵是液压系统中的一种能量转换装置。它由泵体、泵盖、传动零件（主、从动齿轮轴，联轴器）、密封零件（填料、填料压盖、压紧螺母、螺塞）和标准件（键、螺栓、垫圈）等零件组成。齿轮油泵的结构示意图如图 4－26 所示。

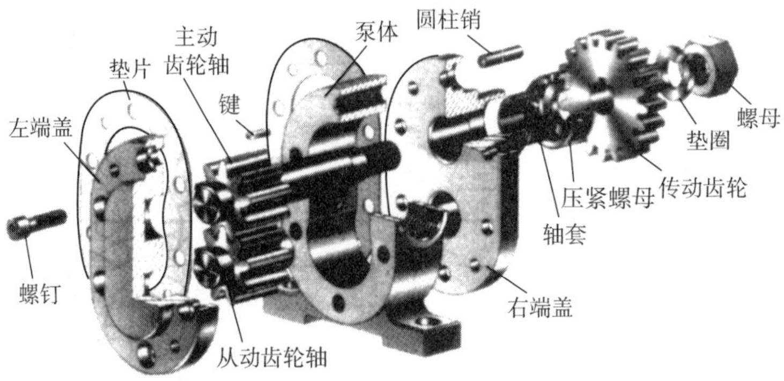

图 4－26　齿轮油泵结构示意图

齿轮油泵的工作原理：主要依靠泵体、泵盖和齿轮的各个齿槽三者形成的密封工作空间的容积变化来进行工作。当主动齿轮按如图 4－27 所示的顺时针方向带动从动齿轮旋转时，右侧油腔的轮齿逐渐分离，工作空间的容积逐渐增大，形成部分真空，此时油液在大气压的作用下，经吸油管进入吸油腔，吸入轮齿间的油液随着左侧轮齿的逐渐啮合，工作空间逐渐减少，经齿间的油液被挤出，再经过左边的出油口送出到压力管中去。

如果主动齿轮的旋转方向改变，则进、出油口互换。

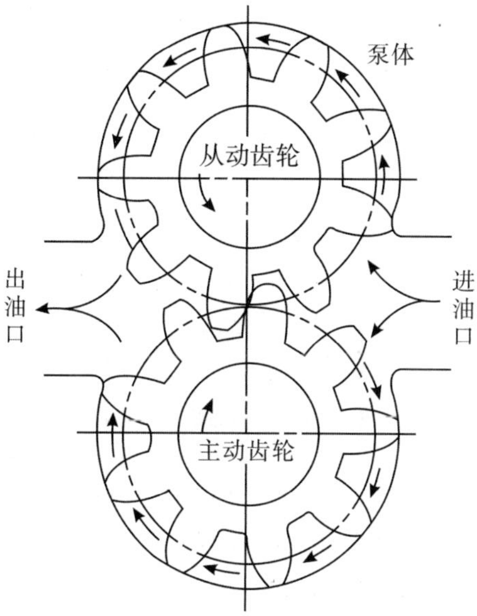

图 4－27　齿轮油泵的工作原理

一、绘制齿轮油泵装配示意图

1. 连接与固定方式

泵体与泵盖通过销和螺钉定位连接，主动齿轮轴与从动齿轮轴通过两齿轮端面与左、右端盖内侧面接触而定位，主动齿轮轴伸出端上的传动齿轮是由键与轴连接，并通过弹簧垫圈和螺母固定。

2. 配合关系

两齿轮轴在左、右端盖的轴孔中有相对运动（轴颈在轴孔中旋转），所以应该选用间隙配合；一对啮合齿轮在泵体内快速旋转，两齿顶圆与泵体内腔也是间隙配合；轴套的外圆柱面与右端盖轴孔虽然没有相对运动，但考虑到拆卸方便，选用间隙配合；传动齿轮的内孔与主动齿轮轴之间没有相对运动，右端有螺母轴向锁紧，所以应选择较松的过渡配合（或较紧的间隙配合）。

3. 密封结构

主动齿轮轴的伸出端有密封圈，通过轴套压紧，并用压紧螺母压紧而密封；泵体与左、右端盖连接时，垫片被压紧，也起密封作用。

4. 绘制装配示意图（见图 4－28）

齿轮油泵有两条装配线：一条是主动齿轮轴装配线，主动齿轮轴装在泵体和左、右端盖的支承孔内，在主动齿轮轴右边的伸出端装有密封圈、轴套、压紧螺母、传动齿轮、键、弹簧垫圈和螺母；另一条是从动齿轮轴装配线，从动齿轮轴装在泵体和左、右端盖的支承孔内，与主动齿轮轴相啮合。

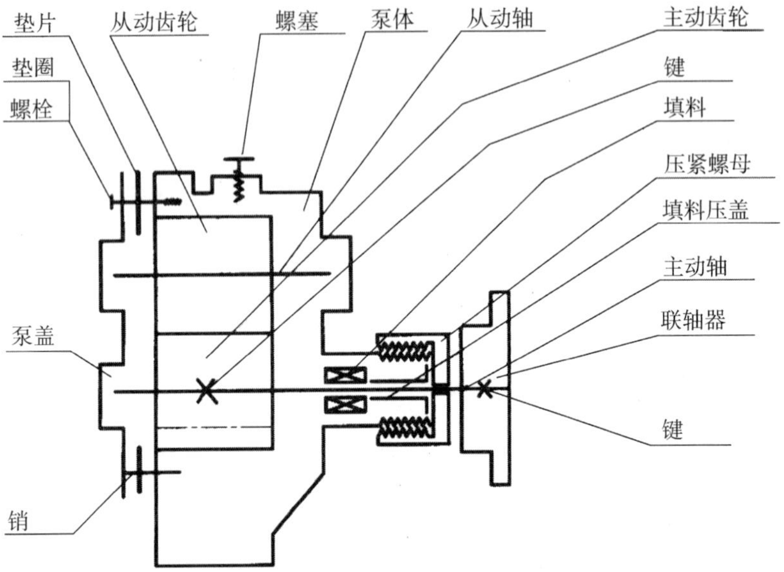

图 4－28　齿轮油泵装配示意图

二、拆卸齿轮油泵

齿轮油泵的拆卸顺序为：

（1）先拧下齿轮油泵盖上的 6 个螺栓和垫圈，拆卸泵盖，取下垫片，取出从动齿轮轴。

（2）拧松压紧螺母，取出填料压盖，放松填料，将主动齿轮轴从泵体中取出。泵盖与泵体的两个定位销，被压入泵体销孔内可不必拆出。

（3）最后将螺塞从泵体中拧出。

拆下的零件要登记编号，以防混乱。如果要将拆卸的各零件重新装配，则按“先拆后装”原则即装配顺序与拆卸顺序相反。

三、绘制齿轮油泵零件草图

齿轮油泵中除了 6 种标准件以外，其他都是专用件，都要画出零件草图。下面是齿轮油泵中的主动齿轮轴、右端盖等零件的测绘过程。

1. 测绘主动齿轮轴

（1）选择零件视图并确定表达方案。

主动齿轮轴的结构比较简单，各部分均为同轴线的回转体。齿轮轴的左端与左端盖的支承孔装配在一起，右端有键槽，通过键与传动齿轮连接，再由垫圈和螺母紧固。齿轮部分的两端有砂轮越程槽，螺纹端有退刀槽。

主视图取轴线水平放置，键槽朝前，以表示键槽的形状；键槽的深度用移出断面图表示；两个局部放大图分别表示越程槽和退刀槽的形状及大小。

（2）测量并标注尺寸。

合理地选择尺寸基准，是标注尺寸时首先要考虑的重要问题，标注尺寸时应尽可能使设计基准与工艺基准统一，做到既符合设计要求，又满足工艺要求。但实际上往往不能兼顾设计和工艺要求，此时必须对零件各部分结构的尺寸进行分析，明确哪些是重要尺寸，哪些是非重要尺寸。重要尺寸应从设计基准出发标注，直接反映设计要求，如图 4 – 29 中的尺寸 25f7。非重要尺寸应考虑加工测量方便，以加工顺序为依据，由工艺测量基准出发标注尺寸，以直接反映工艺要求。

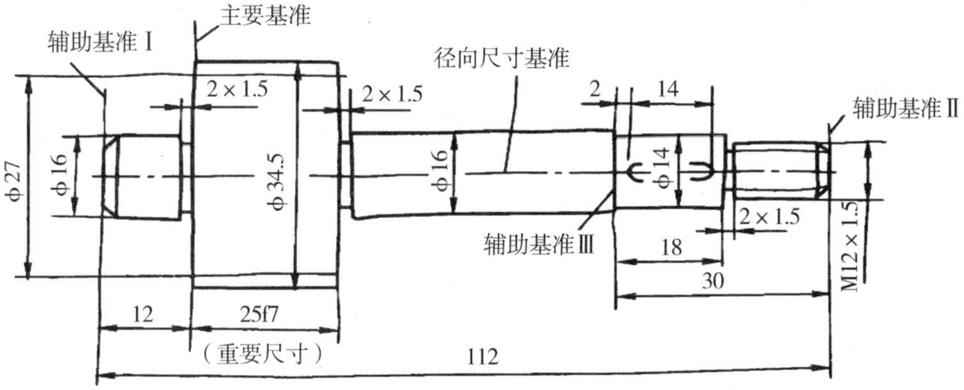

图 4 – 29　主动齿轮轴零件草图

长度方向以齿轮的左端面（此端面是确定齿轮轴在油泵中轴向位置的重要端面）为主要尺寸基准，注出重要尺寸 25f7；长度方向辅助基准 I 是轴的左端面，注出总长 112 和主要基准与辅助基准之间的联系尺寸 12；长度方向的辅助基准 II 是轴的右端面，注出尺寸 30，再以辅助基准 III 注出键槽的定位尺寸 2 和轴段长度 18，ϕ16 轴段为长度方向尺寸链的开口环，空出不注尺寸；以水平位置的轴线作为径向（高度和宽度）尺寸基准，由此注出各轴段以及齿轮顶圆和分度圆直径。

2. 测绘右端盖

（1）选择零件视图并确定表达方案。

右端盖上部有主动齿轮轴穿过，下部有从动齿轮轴轴颈的支承孔，在右部凸缘的外圆柱面上有外螺纹，用压紧螺母通过轴套将密封圈压紧在轴的四周。右端盖的外形为长圆形，沿周围分布有 6 个具有沉孔的螺钉孔和 2 个圆柱销孔。如图 4 – 30 所示。

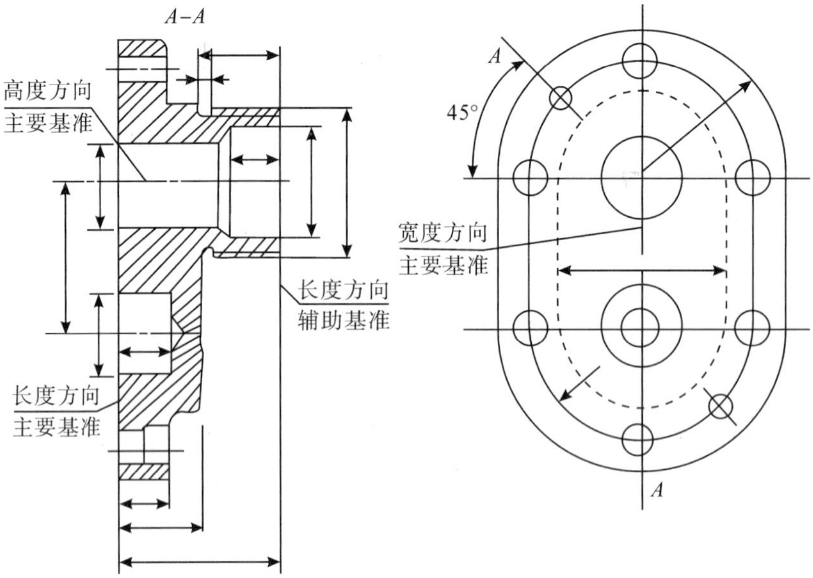

图 4-30　右端盖零件草图

（2）测量并标注尺寸。

以左端面为长度方向的主要尺寸基准，注出右端盖的厚度和凸缘的厚度，以及盲孔深度；以右端盖的右端面长度方向的辅助基准（其联系尺寸为总长尺寸），注出沉孔深度尺寸和外螺纹长度尺寸（含退刀槽长度尺寸）。宽度方向以铅垂的对称中心线为主要尺寸基准，注出尺寸 R28，螺钉孔、销孔的定位尺寸 R22 以及凸缘宽度尺寸，高度方向以右端盖上部通孔的轴线为主要尺寸基准，由此注出盲孔的定位尺寸 28.76 ± 0.02，此尺寸属于经计算所得的重要尺寸，不应圆整为整数。

3. 测绘泵体

（1）选择视图并确定表达方案。

泵体的结构形状可分为主体和底座两部分。主体部分为长圆形内腔以容纳一对齿轮。前后两个凸起的孔为进、出油孔，与泵体内腔相通。泵体的两端面有与左、右端盖连接用的螺孔和定位销孔。底板部分用来固定油泵，底座为长方形，底座的凹槽是为了减少加工面，底座两边各有一个固定油泵用的安装孔。如图 4-31 所示，选择反映泵体形状特征的主视图，表达泵体空腔形状及与空腔相通的进、出油孔，同时反映了销孔与螺纹孔的分布以及底座上沉孔的形状。

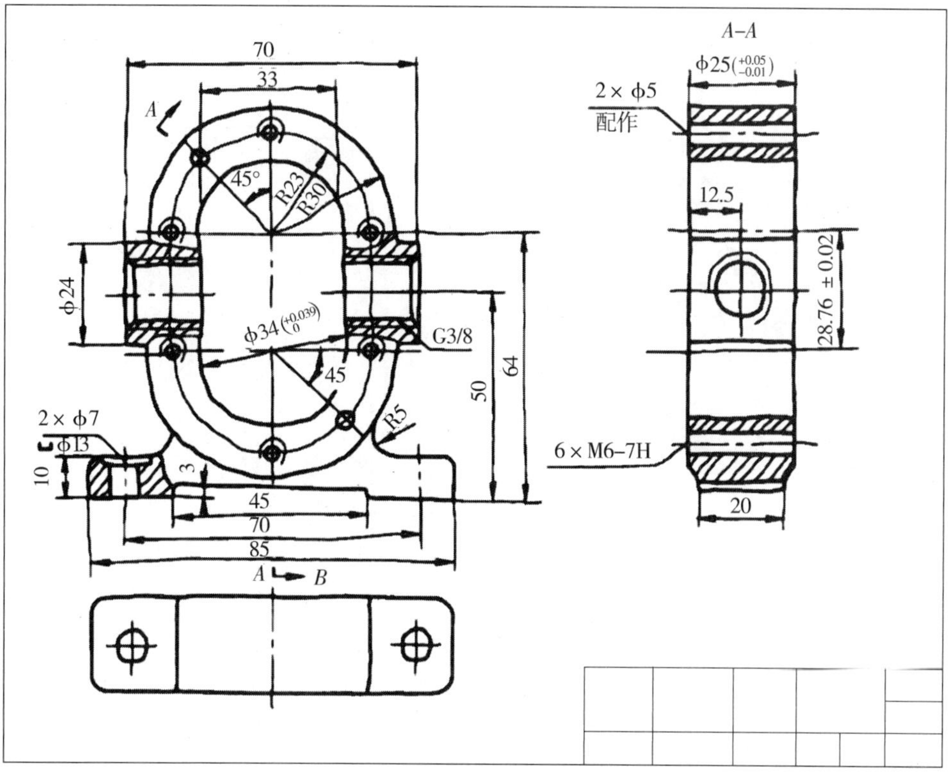

图 4－31　泵体零件草图

（2）测量并标注尺寸。

以泵体的左右对称中心线为长度方向尺寸主要基准，注出左右对称的各部分尺寸；以底为高度方向尺寸主要基准，直接注出底面到进出油孔轴线的定位尺寸 50，底面到齿轮孔轴线的定位尺寸 64，再以此为辅助基准标注两齿轮孔轴线的距离尺寸 28. 76 ±0. 02。

标注泵体尺寸时必须注意，相关联的零件之间的相关尺寸要一致，如泵体上销孔的定位尺寸与端盖上销孔的定位尺寸注法应完全一致，以保证装配精度。如两个零件装配调试后同时加工，应在零件图中加以说明，如泵体中泵盖零件图上标注的 2 × φ5 配作。

四、绘制齿轮油泵装配图

零件草图完成后，根据装配示意图和零件草图绘制装配图。在画装配图的过程中，对草图中存在的零件形状和尺寸的不妥之处作必要的修正。

1. 齿轮油泵装配图表达方案的确定

齿轮油泵由泵体、左右端盖、传动齿轮轴等零件装配而成。装配图用两个视图表达。如图 4－32 所示，主视图为 *A－A* 全剖视图，表达各零件之间的装配关系。左视图采用了半剖视图，沿左端盖与泵体的结合面剖开，表达油泵的外部形状、齿轮的啮合情况和吸、压油的工作原理。局部剖视图用来表达进油口。

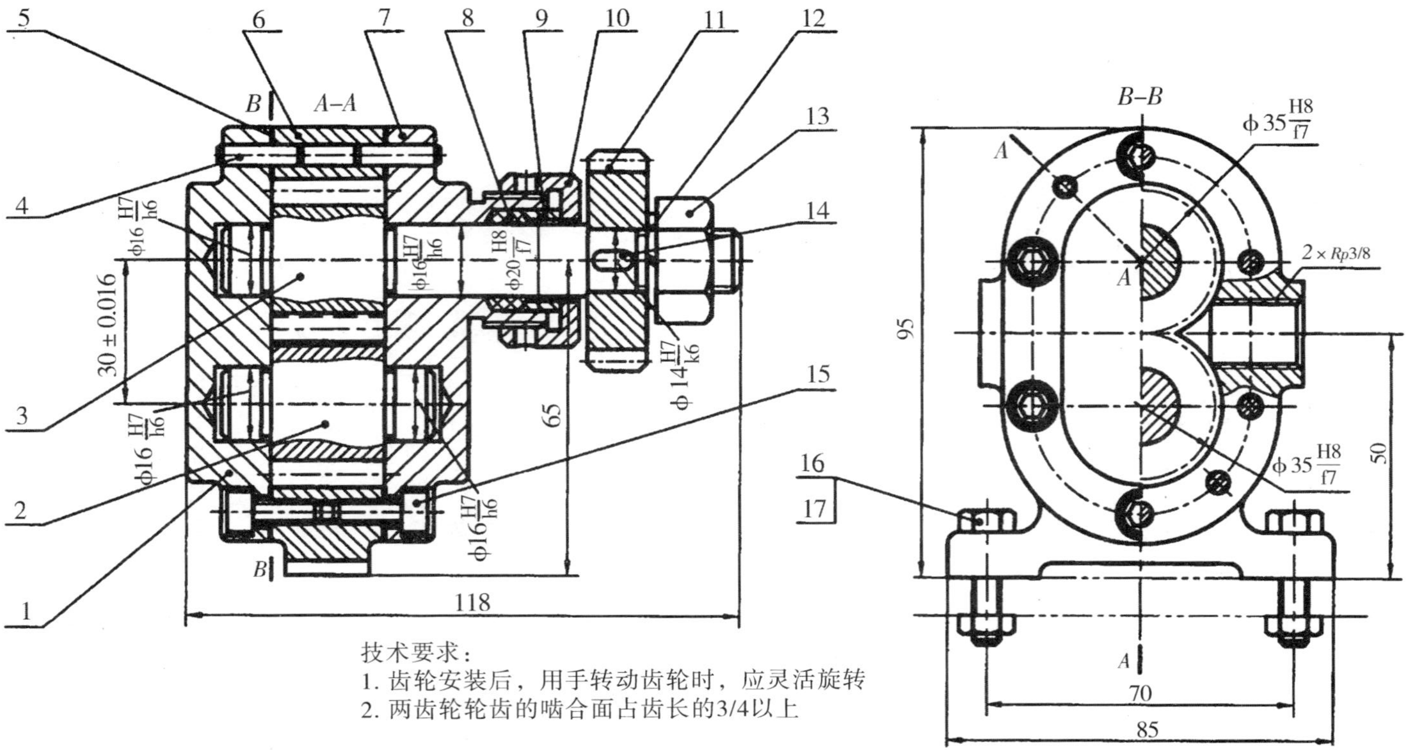

技术要求：
1. 齿轮安装后，用手转动齿轮时，应灵活旋转
2. 两齿轮轮齿的啮合面占齿长的3/4以上

17	GB/T 6170	螺母M6	2	0235		10	0400—08	压紧螺母	1	35		3	0400—03	传动齿轮轴	1	45	m=25 Z=12
16	GB/T 5782	螺栓M6×30	2	0235		9	0400—07	轴套	1	45		2	0400—02	齿轮轴	1	45	
15	GB/T 70	螺钉M6×16	12	35		8		密封圈	1	橡胶		1	0400—01	左端盖	1	HT200	
14	GB/T 1096	键5×10	1	45		7	0400—06	左端盖	1	HT200		序号	代号	名称	数量	材料	备注
13	GB/T 6170	螺母M12×1.5	1	35		6	0400—05	泵体	4	HT200		制图				比例	
12	GB/T 87	垫圈	1	65Mn		5	0400—04	垫片	2	纸δ=1		校核		齿轮油泵		件数	
11	0400—09	传动齿轮	1	45	m=25 Z=20	4	GB/T 119	销5m6×18	4	45						0400	

图4–32　齿轮油泵装配图

2. 确定图纸幅面和绘图比例

图纸幅面和绘图比例应根据装配体的复杂程度和实际大小来选用，应清楚表达出主要装配关系和主要零件的结构。选用图幅时，还应注意在视图之间留有足够的空隙，以便标注尺寸、编写零件序号、注写明细栏和技术要求等。

3. 绘制装配图的步骤

（1）画各视图的主要轴线、中心线和图形定位基线。

（2）由主视图入手配合其他视图，按装配线从主动齿轮轴开始，由里向外逐个画出齿轮轴、泵体、泵盖、垫片、密封圈、轴套、压紧螺母、键、传动齿轮等；或从泵体开始由外向里逐个画出主动齿轮轴、从动齿轮轴等，完成装配图的底稿。

（3）校核底稿，擦去多余作图线，描深，画剖面线、尺寸界线、尺寸线和箭头。

（4）编写零件序号，标注尺寸，填写标题栏、明细栏和技术要求，最后完成装配图。

4. 齿轮油泵装配图上应标注的尺寸

（1）性能尺寸。中心距 28.76 ± 0.02；进油口、出油口螺孔 G3/8。

（2）装配尺寸。主动齿轮轴与左端盖 $\phi16H7/h6$；从动齿轮轴与左端盖 $\phi16H7/h6$；主动齿轮轴与泵体 $\phi16H7/h6$；主动齿轮轴与传动齿轮 $\phi14H7/k6$。

（3）外形尺寸。长 118，宽 85，高 95。

（4）安装孔尺寸。$2\times\phi7$，70。

（5）其他重要尺寸。齿轮轴右端安装轴段尺寸 $\phi14H7/k6$。

5. 齿轮油泵的技术要求

（1）用垫片调整齿轮端面与泵盖的间隙，使其在 0.1～0.15mm 范围内。

（2）油泵装配好后，用手转动主动轴，不得有阻滞现象。

（3）不得有渗油现象。

五、绘制齿轮油泵零件工作图

由于装配图主要是用来表达装配关系，因此对某些零件的结构形状往往表达得不够完整，在绘制零件工作图时，应根据零件的功用加以补充、完善，并按装配图中选定的极限与配合要求，在零件工作图上注写尺寸公差数值，标注形位公差代号和表面粗糙度的符号。遵循完整、正确、清晰的原则绘制零件工作图，如图 4－33、图 4－34 所示。

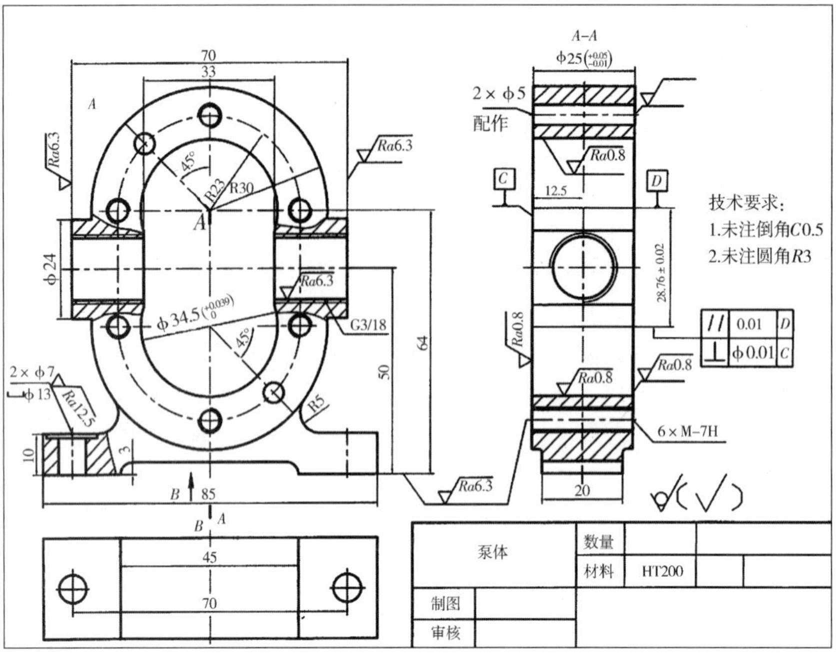

图 4－33　泵体零件工作图

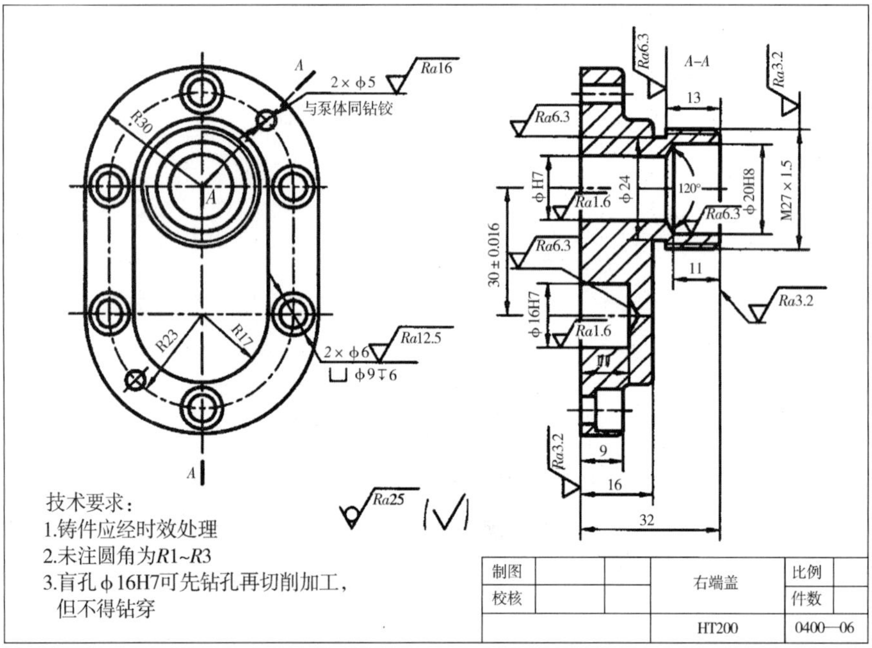

图 4－34　右端盖零件工作图

第四节　渐开线圆柱齿轮参数测定

一、渐开线直齿圆柱齿轮参数测定

（一）测量工具

游标卡尺。

（二）测量原理与方法

1. 测量原理

单个渐开线直齿圆柱齿轮的参数有：齿数（z）、模数（m）、分度圆压力角（α）、齿顶高系数（h_a^*）、顶隙系数（c^*）。

用游标卡尺测量轮齿，并通过计算或直接测量得出直齿圆柱齿轮的参数。

2. 测量方法

（1）测定齿轮的齿顶圆直径 d_a、齿根圆直径 d_f。

①对于齿数为偶数的齿轮，可直接用游标卡尺在齿轮上测出齿顶圆直径和齿根圆直径。

②对于齿数为奇数的齿轮，不能直接用游标卡尺测出齿顶圆直径和齿根圆直径。测量方法是：先测量出孔径 D，然后分别测量孔壁到齿顶和齿根的高度 H_1 和 H_2，如图 4－35 所示。再根据式（4－1）、式（4－2）计算出齿顶圆直径和齿根圆直径。

$$d_a = 2H_1 + D \tag{4-1}$$

$$d_f = 2H_2 + D \tag{4-2}$$

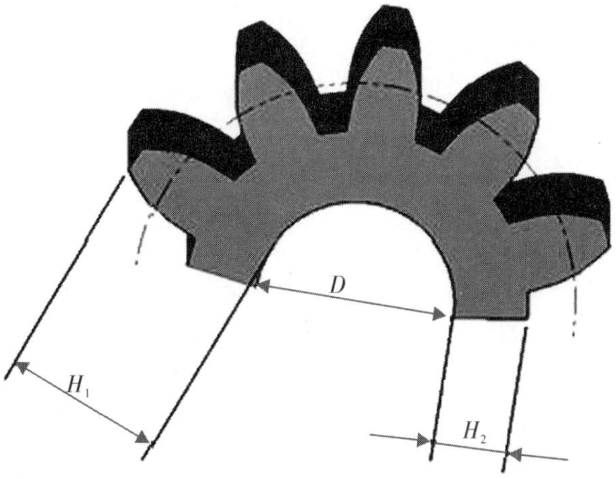

图4－35　奇数齿数的齿轮齿顶圆直径和齿根圆直径的测量方法

（2）测定齿轮的模数、压力角。

渐开线标准直齿圆柱齿轮公法线长度测量如图 4－36 所示，测量时应尽量靠近齿宽中间部位。

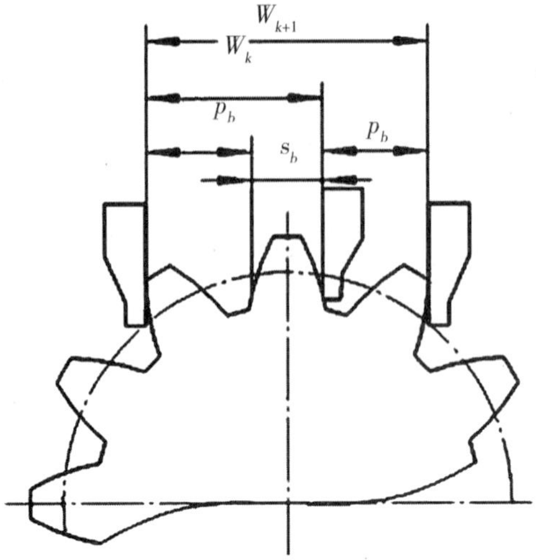

图 4－36　渐开线标准直齿圆柱齿轮公法线长度测量

如图 4－36 所示，若跨测齿数为 K，其公法线长度如式（4－3）计算：

$$W_K = (K-1)\,p_b + s_b \tag{4-3}$$

式中，p_b——基圆齿距；s_b——基圆齿厚。

若跨测齿数为 $K+1$，其公法线长度如式（4－4）计算：

$$W_{K+1} = Kp_b + s_b \tag{4-4}$$

则基圆齿距和模数分别用式（4－5）、式（4－6）计算：

$$p_b = W_{K+1} - W_K \tag{4-5}$$

$$m = p_b/\pi\cos\alpha \tag{4-6}$$

压力角 α 可能是 15°，也可能是 20°，故分别用 15°和 20°算出两个模数，查标准模数表（见表 4－5），最接近标准模数的一组即为所求齿轮的模数和压力角。

表 4－5　渐开线圆柱齿轮标准模数系列（GB/T 1357—2008）

第一系列	1	1.25	1.5	2	2.5	3	4	5	6
	8	10	12	16	20	25	32	40	50
第二系列	1.125	1.375	1.75	2.25	2.75	3.5	4.5	5.5	(6.5)
	7	9	11	14	18	22	28	35	45

为保证卡尺两个卡脚能与齿廓的渐开线部分相切，跨测齿数 K 按式（4－7）、式（4－8）计算：

$$K = z/12 + 0.5\ (\alpha = 15°) \tag{4-7}$$

$$K = z/9 + 0.5\ (\alpha = 20°) \tag{4-8}$$

或直接由表4－6查出：

表4－6　齿轮齿数与跨测齿数间的对应关系

齿数	12～18	19～27	28～36	37～46	47～54	55～63	64～72
跨测齿数	2	3	4	5	6	7	8

在齿轮参数测定的过程中，需要反复测量，多次核算，才能得到较为精确的齿轮参数。

二、渐开线斜齿圆柱齿轮参数测定

（一）模数的测定

渐开线斜齿圆柱齿轮的模数分为端面模数（m_t）和法面模数（m_n）。测定时主要确定法面模数，可通过以下方法测定。

1. 测公法线长度方法

在斜齿轮的法面截面上按如图4－36所示的方法测量出公法线长度，把测量值代入式（4－9），计算法面模数，然后查表4－5取标准值。一般取法面压力角（α_n）＝20°。

$$m_n = p_b / \pi\cos\alpha_n \tag{4-9}$$

式中，p_b——基圆齿距。

2. 测齿全高方法

测量斜齿轮齿全高，用深度游标卡尺深入齿轮齿根处，如图4－37所示，测得值代入式（4－10），然后查表4－5取标准值，即：

$$m_n = \frac{h}{2h_{an}^* + c_n^*} \tag{4-10}$$

式中，h_{an}^*——齿顶高系数，标准齿形时，$h_{an}^* = 1$；c_n^*——顶隙系数，标准齿形时，$c_n^* = 0.25$。

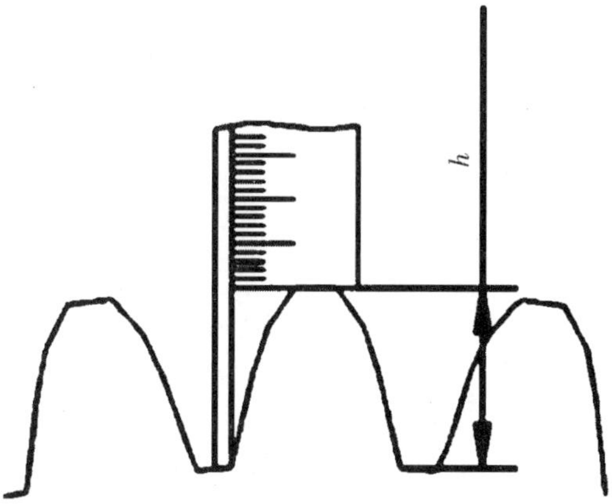

图4－37　齿全高测量

（二）滚印法测定螺旋角

在齿轮齿顶圆上涂一层薄的红油，让齿轮的端面紧靠一直线（或厚直尺）在白纸上滚动，以便在纸上留下滚动轮齿印痕，沿其中一条齿印画线，再做直尺的垂线，使两条线相交，得到齿顶圆螺旋角 β_a，如图 4－38 所示。测量长度 a 和 b，计算 $\tan\beta_a$，再根据式（4－11）计算分度圆螺旋角。

$$\beta = \sin^{-1}\left[\tan\beta_a\left(m_n z/d_a\right)\right] \tag{4-11}$$

式中，β——分度圆螺旋角；β_a——齿顶圆螺旋角；m_n——法面模数；z—齿数；d_a——齿顶圆直径。

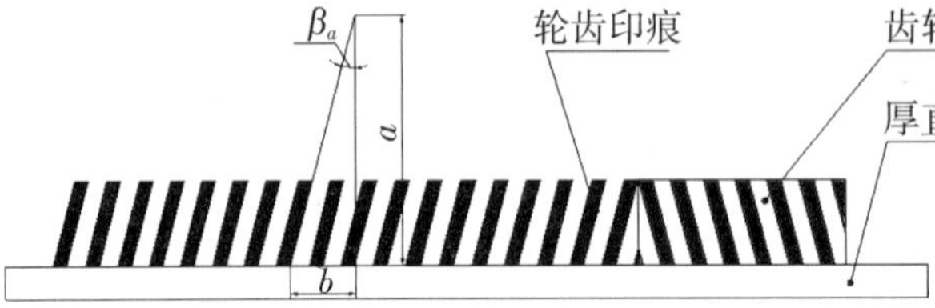

图 4－38　滚印法测定齿顶圆螺旋角

【本章思考题】

1. 试述机用虎钳的工作原理和配合关系。
2. 怎样确定零件上孔的公差？
3. 试述一级圆柱齿轮减速器的工作原理和拆卸步骤。
4. 试述一级圆柱齿轮减速器上孔到基准平面距离的测量方法，并画出测量简图。
5. 试述一级圆柱齿轮减速器上平行孔系平行度的检验方法，并画出检验简图。
6. 怎样确定圆柱齿轮的模数、尺寸公差和形位公差？
7. 绘制齿轮油泵右端盖零件图时，其长度方向、高度方向和宽度方向的基准分别是什么？
8. 推导渐开线斜齿圆柱齿轮基圆螺旋角、分度圆螺旋角和齿顶圆螺旋角之间的关系。

第五章　零部件测绘报告撰写与答辩

零部件测绘工作完成后，着手准备答辩工作。在这个阶段，要对已经绘制的零部件全部图纸、填写的表格、测绘笔记、计算数据等进行整理，并在此基础上撰写测绘报告，做好答辩准备。

第一节　零部件测绘报告的撰写

零部件测绘报告是以书面形式对零部件测绘实训所做的总结，通常根据零部件测绘的内容按步骤顺序来表述。测绘报告的要求是文字简洁、内容完整、阐述清楚。

一、测绘报告包括的主要内容

（1）说明部件的作用及工作原理。

（2）分析部件装配图表达方案的选择理由，并说明各视图所表达的意义。

（3）说明各零件的装配关系及各种配合尺寸的表达含义，分析主要零件的结构形状、零件之间的相对位置和安装定位的形式。

（4）说明装配图技术要求的类型及表达的含义。

（5）装配图的尺寸种类及确定的根据。

（6）零部件测绘的体会与总结。

二、答辩准备

答辩是测绘的最后一个环节，其目的是检查学生参与测绘的情况，了解学生掌握测绘内容的程度。通过答辩，让学生展示自己的测绘作品，全面分析检查测绘作业的长处与不足，总结在测绘中所获得的体会和经验，进一步巩固机械制图的知识，培养学生用所学理论解决工程实际问题的能力。同时，答辩是评定学生成绩的重要依据之一。

第二节　零部件测绘答辩

一、展示测绘作业

学生要向答辩教师展示在测绘中绘出的全部图纸，并将各种报告、计算书等交给教师。

二、阐述规定问题

答辩一般都有必须回答的问题。这些问题主要包括：被测绘部件的作用与工作原理；主要零件的视图、装配图的表达方案的选择依据，各视图重点表达的内容；各零件之间的装配关系，配合尺寸的选择与含义；技术要求的选择及其含义；尺寸的类型、基准的选择、标注方法等。上述内容即测绘报告书所分析论述的内容。

在阐述规定问题时，一般都有时间限制，超过时间可强行终止。因此，用简练的语言表达自己的思想也是答辩准备中的一项重要内容。

三、抽签答题

根据被测部件，答辩教师通常会预先准备一些题目，参加答辩的学生在回答完规定问题后，现场抽取两至三个答辩题，根据题目立即作出回答。

第三节　技术制图复制图纸折叠方法

答辩结束后，学生把自己的图纸按国家标准《技术制图　复制图的折叠方法》（GB/T 10609.3—2009）折叠后，连同测绘报告一并移交资料室保管。折叠后的图纸幅面一般应为A4（210mm×297mm）或A3（297mm×420mm）的规格。对于需装订成册又无装订边的复制图，折叠后的尺寸可以是190mm×297mm或297mm×400mm。折叠方法根据需要从表5－1至表5－8中选取，无论采用何种折叠方法，折叠后复制图上的标题栏均应露在外面。

表5－1　折叠成A4幅面的方法（一）

图幅	标题栏方位	
	在复制图的长边上	在复制图的短边上
A0	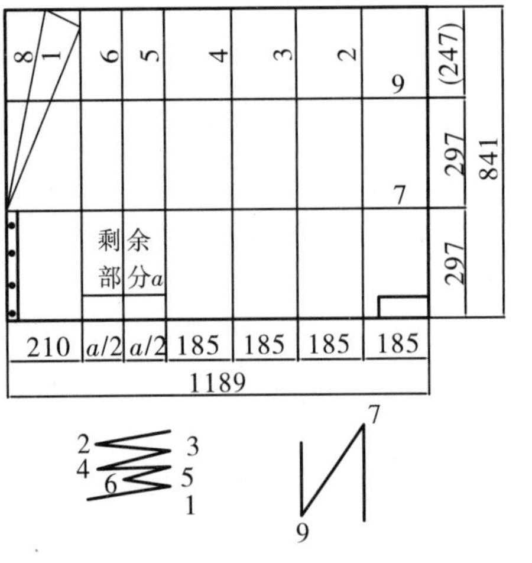	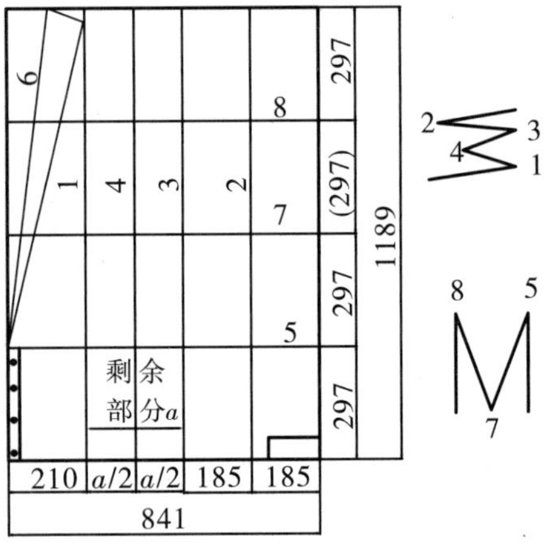

（续上表）

图幅	标题栏方位	
	在复制图的长边上	在复制图的短边上
A1	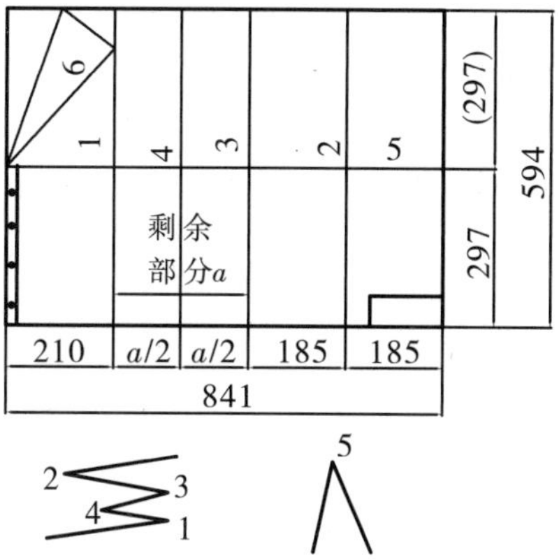	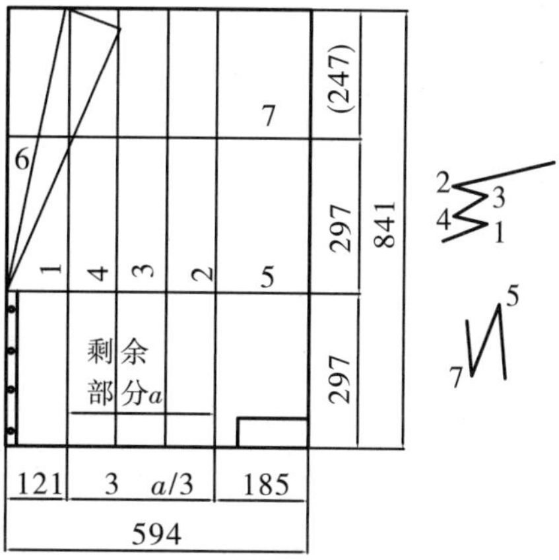
A2	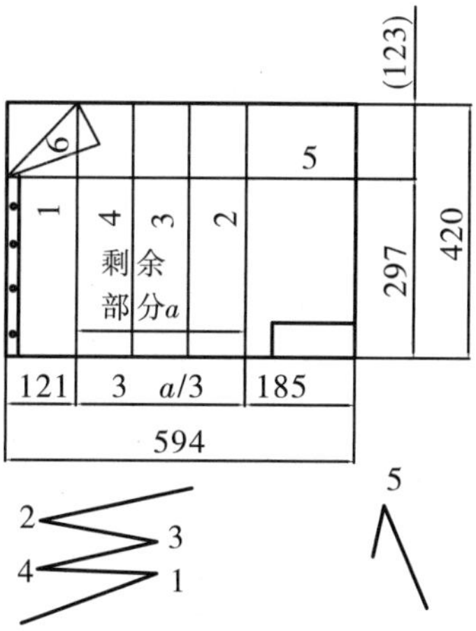	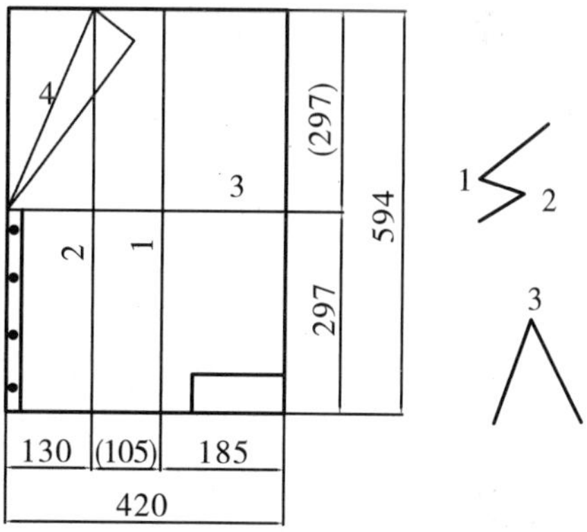
A3	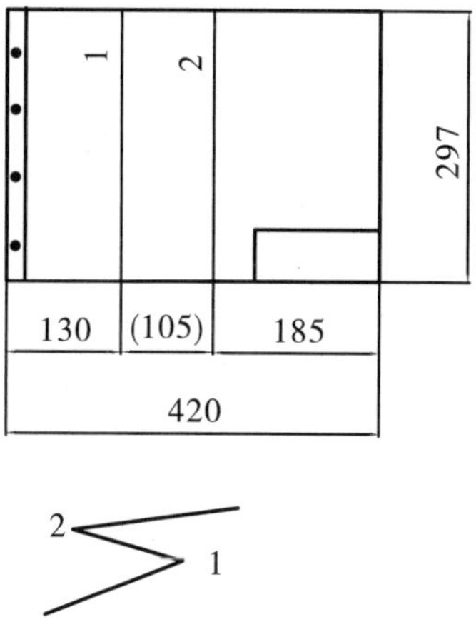	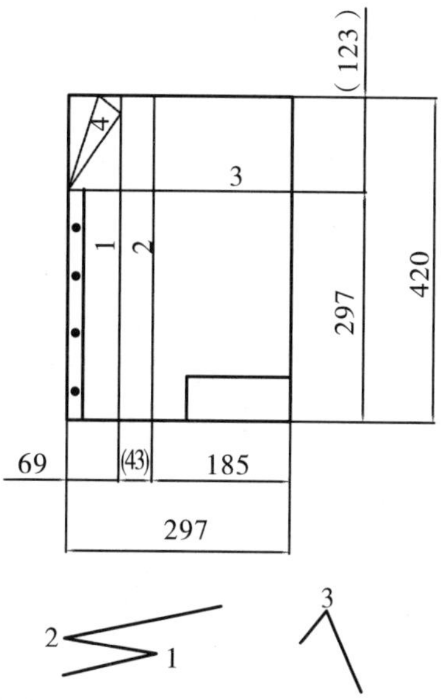

表 5－2　折叠成 A3 幅面的方法（一）

图幅	标题栏方位	
	在复制图的长边上	在复制图的短边上
A0	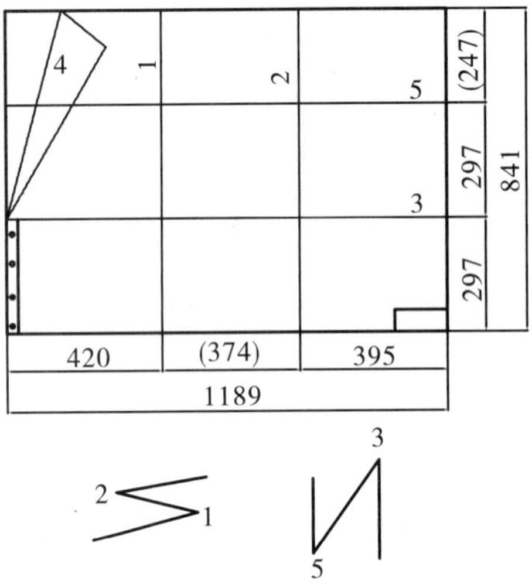	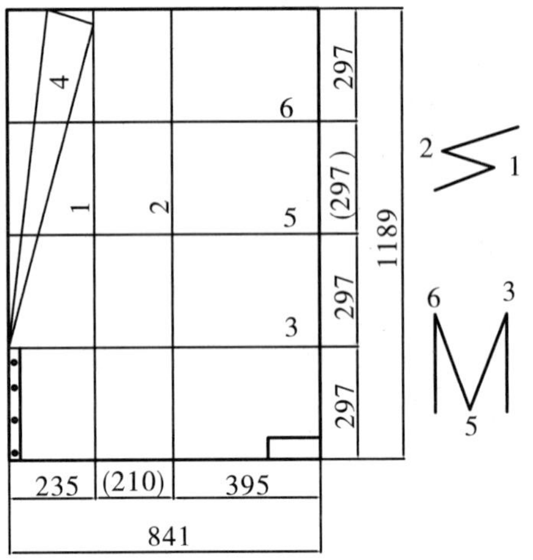
A1	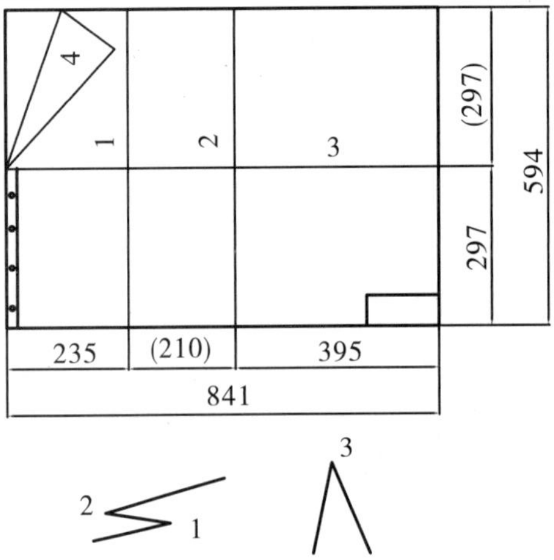	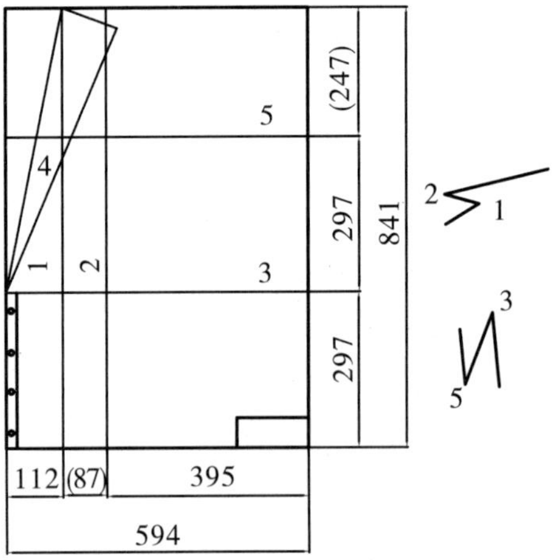
A2	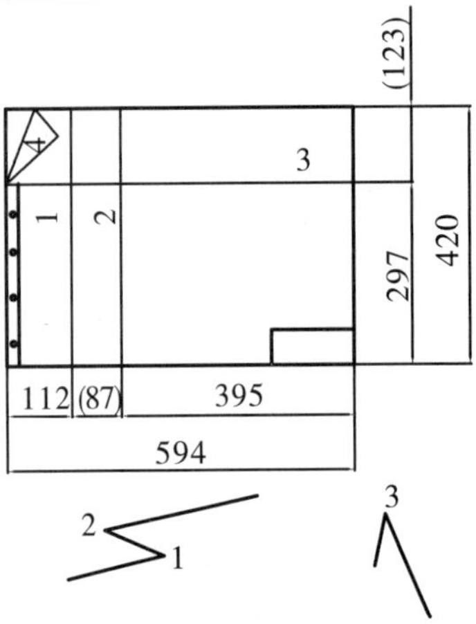	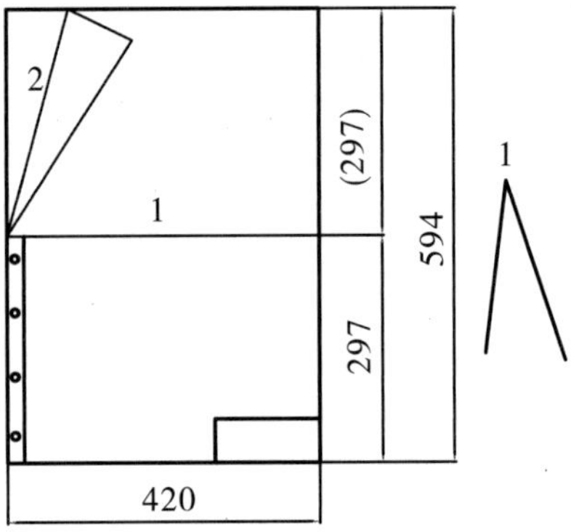

表 5－3　折叠成 A4 幅面的方法（二）

<table>
<tr><th rowspan="2">图幅</th><th colspan="2">标题栏方位</th></tr>
<tr><th>在复制图的长边上</th><th>在复制图的短边上</th></tr>
<tr><td>A0</td><td>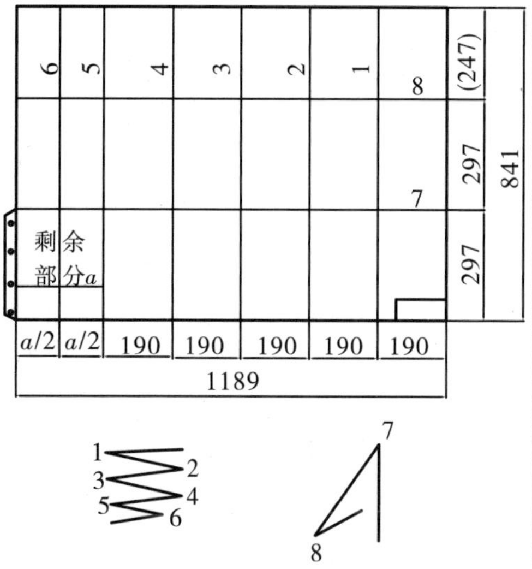
</td><td>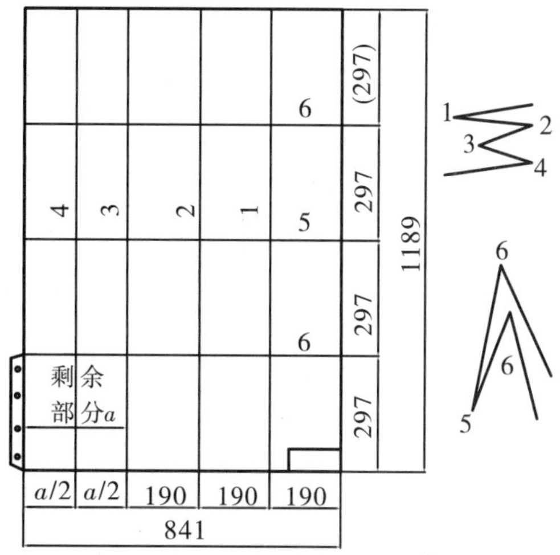
</td></tr>
<tr><td>A1</td><td>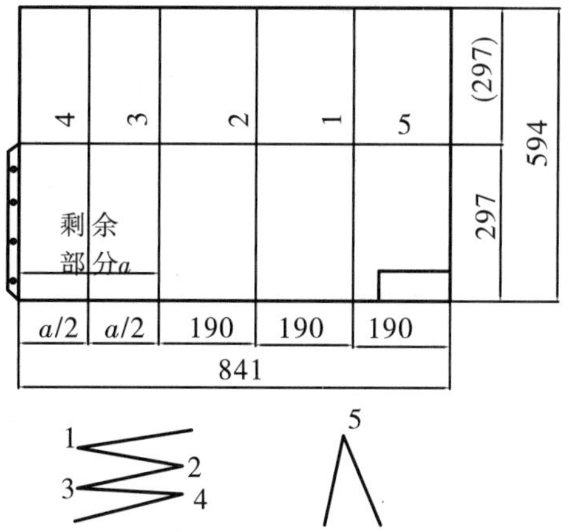
</td><td>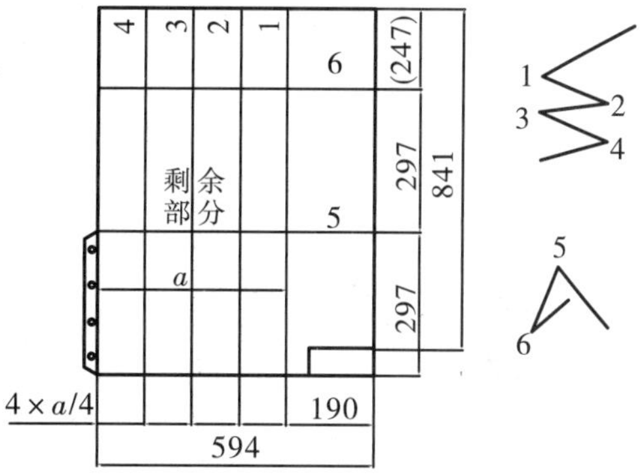
</td></tr>
<tr><td>A2</td><td>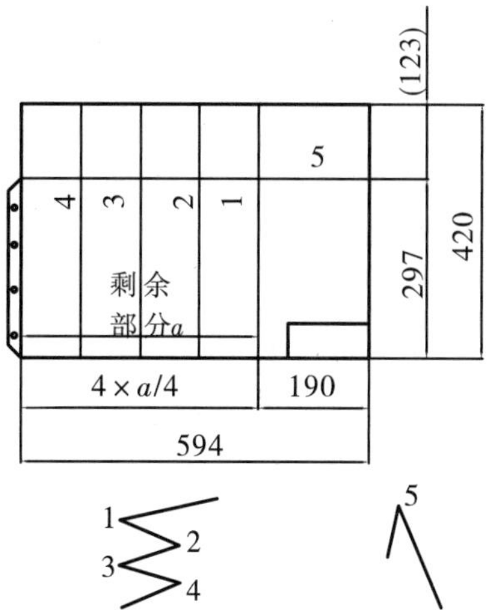
</td><td>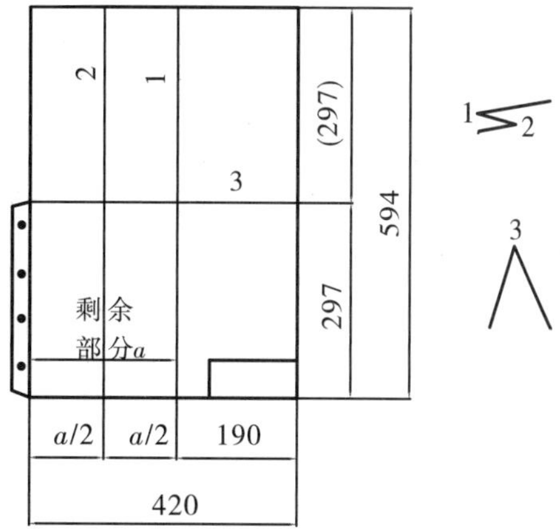
</td></tr>
</table>

（续上表）

<table>
<tr><td rowspan="2">图幅</td><td colspan="2">标题栏方位</td></tr>
<tr><td>在复制图的长边上</td><td>在复制图的短边上</td></tr>
<tr><td>A3</td><td>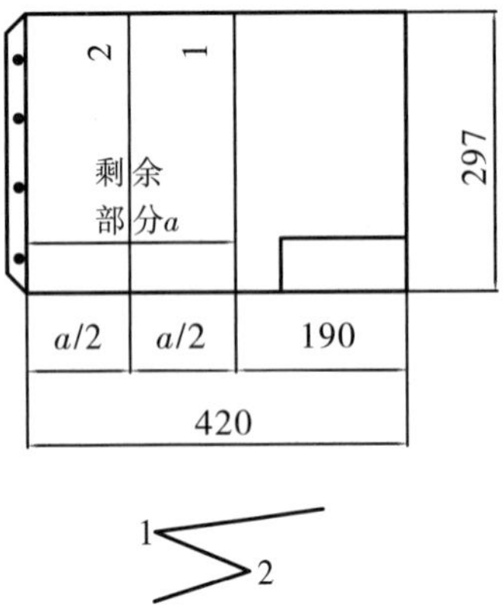</td><td>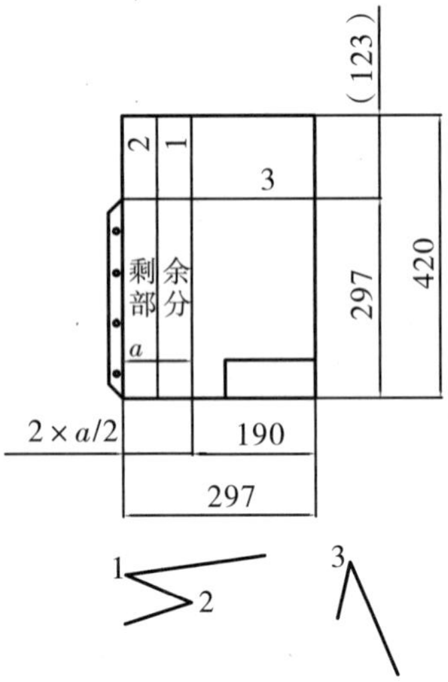</td></tr>
</table>

表 5－4　折叠成 A3 幅面的方法（二）

<table>
<tr><td rowspan="2">图幅</td><td colspan="2">标题栏方位</td></tr>
<tr><td>在复制图的长边上</td><td>在复制图的短边上</td></tr>
<tr><td>A0</td><td>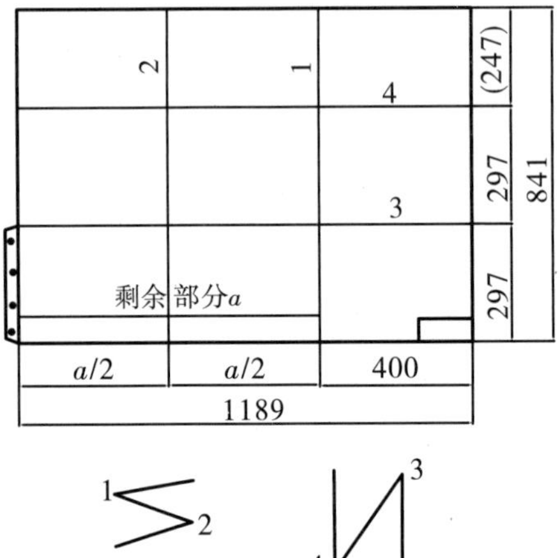</td><td>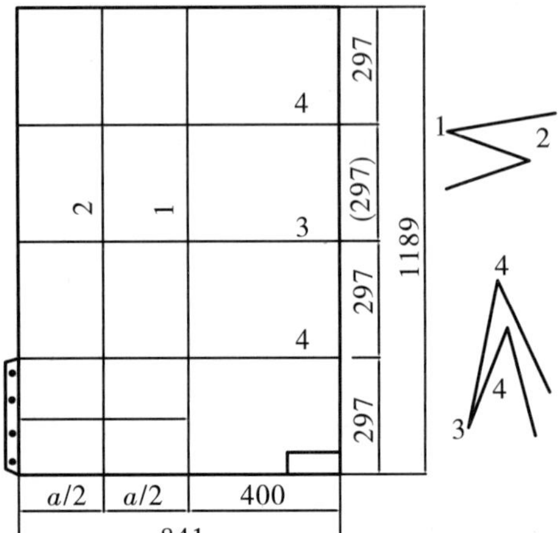</td></tr>
</table>

（续上表）

<table>
<tr><th rowspan="2">图幅</th><th colspan="2">标题栏方位</th></tr>
<tr><th>在复制图的长边上</th><th>在复制图的短边上</th></tr>
<tr><td>A1</td><td>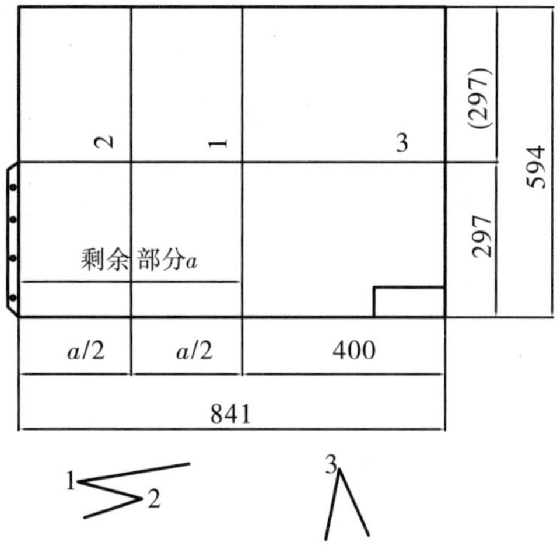
</td><td>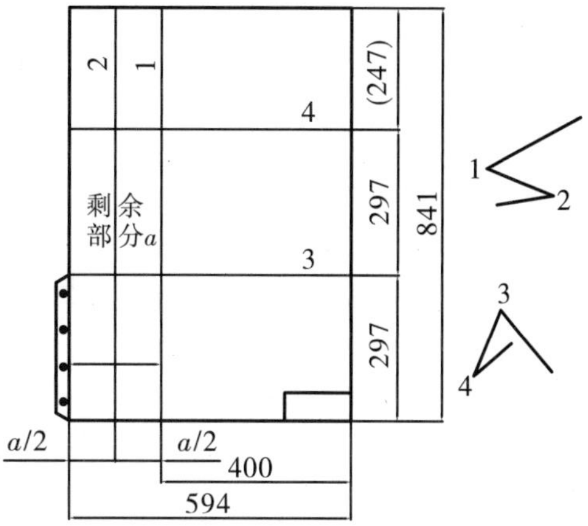
</td></tr>
<tr><td>A2</td><td>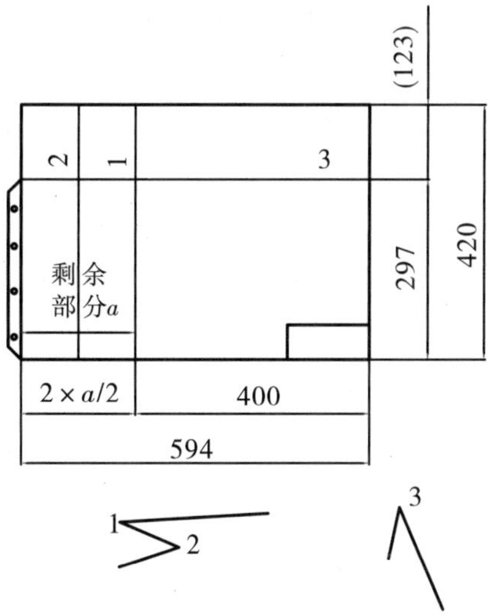
</td><td>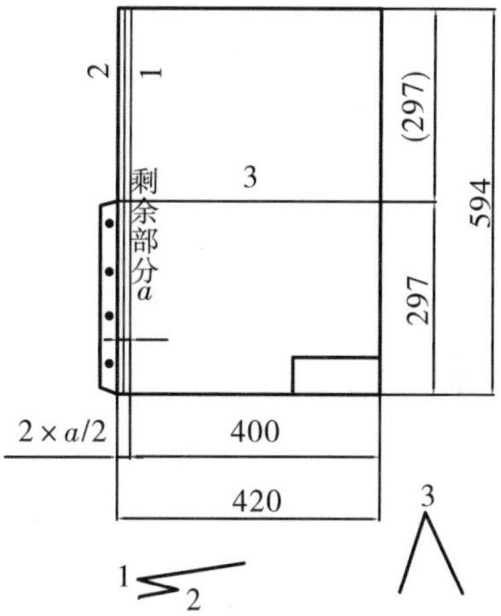
</td></tr>
</table>

表 5 – 5 折叠成 A4 幅面的方法（三）

<table>
<tr><th rowspan="2">图幅</th><th colspan="2">标题栏方位</th></tr>
<tr><th>在复制图的长边上</th><th>在复制图的短边上</th></tr>
<tr><td>A0</td><td>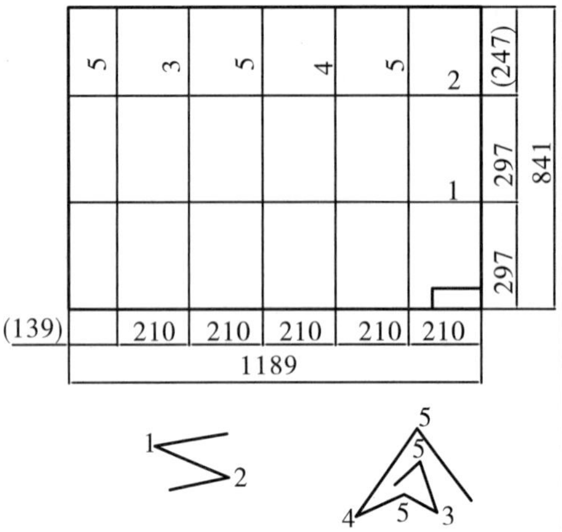</td><td>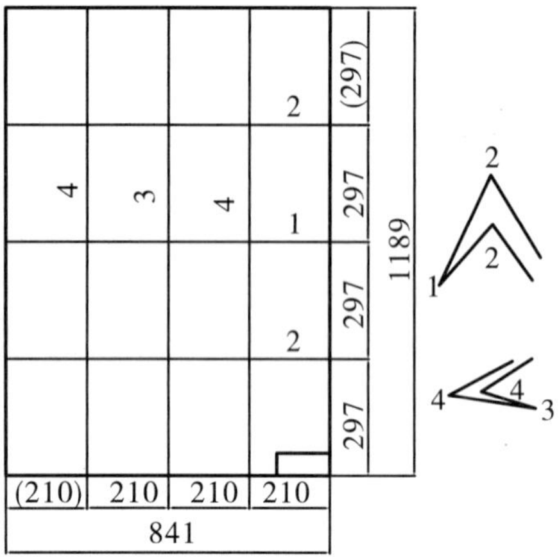</td></tr>
<tr><td>A1</td><td>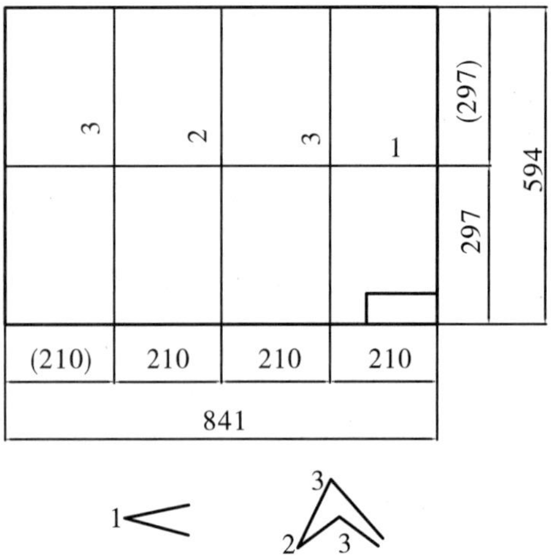</td><td>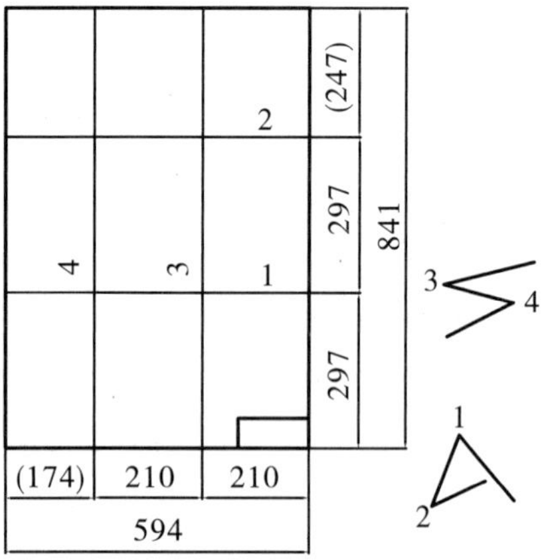</td></tr>
<tr><td>A2</td><td>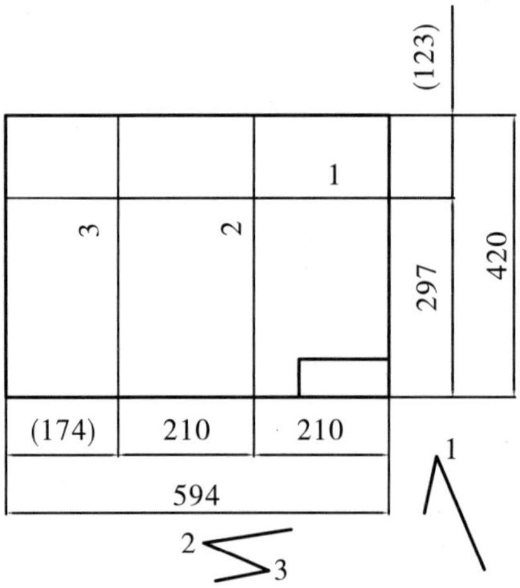</td><td>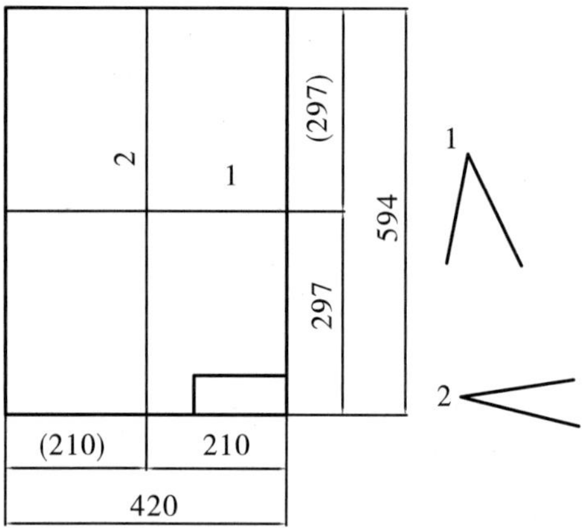</td></tr>
</table>

（续上表）

图幅	标题栏方位	
	在复制图的长边上	在复制图的短边上
A3	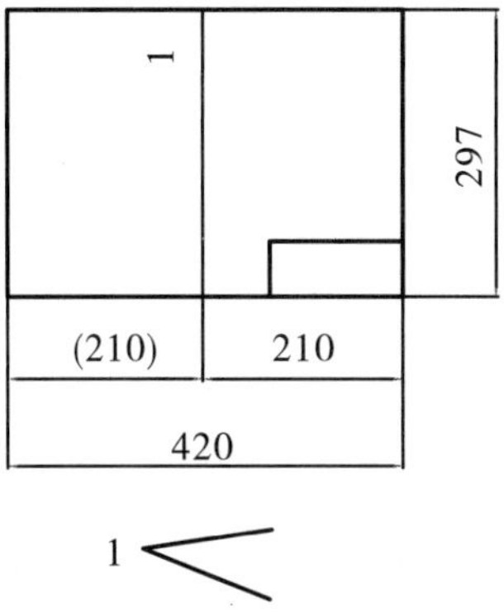	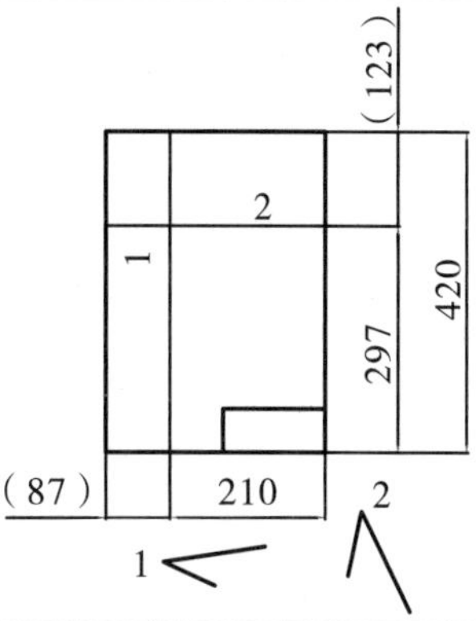

表 5－6　折叠成 A3 幅面的方法（三）

图幅	标题栏方位	
	在复制图的长边上	在复制图的短边上
A0	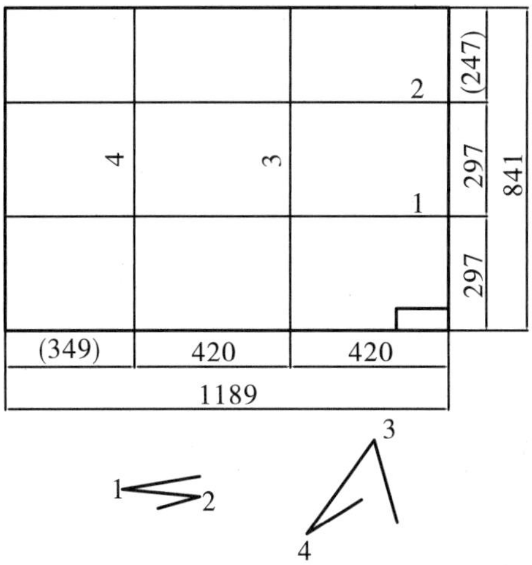	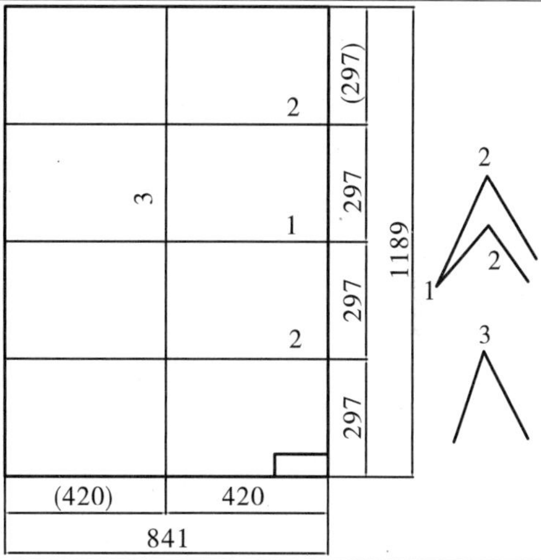
A1	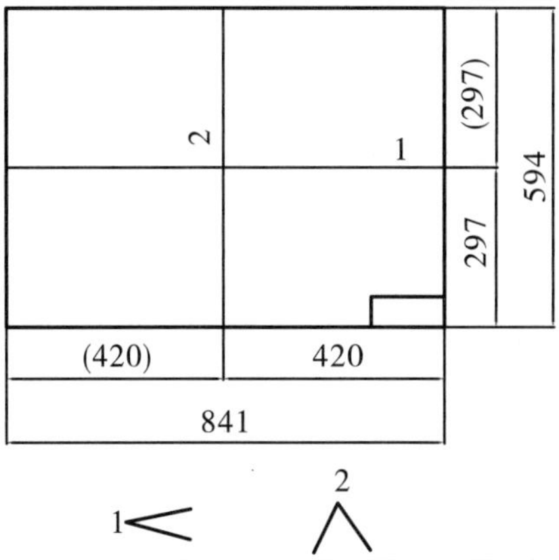	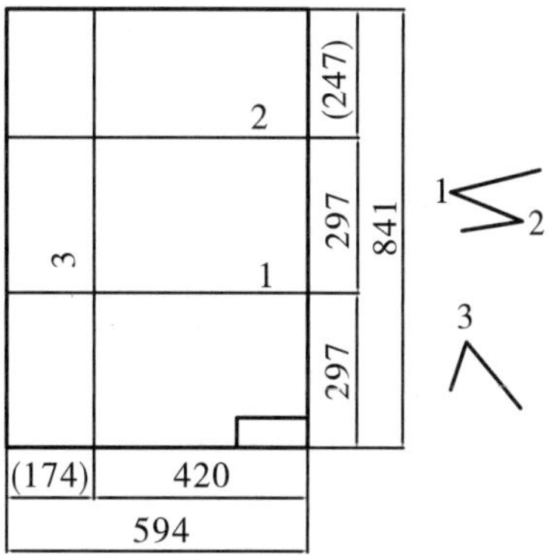

（续上表）

图幅	标题栏方位	
	在复制图的长边上	在复制图的短边上
A2	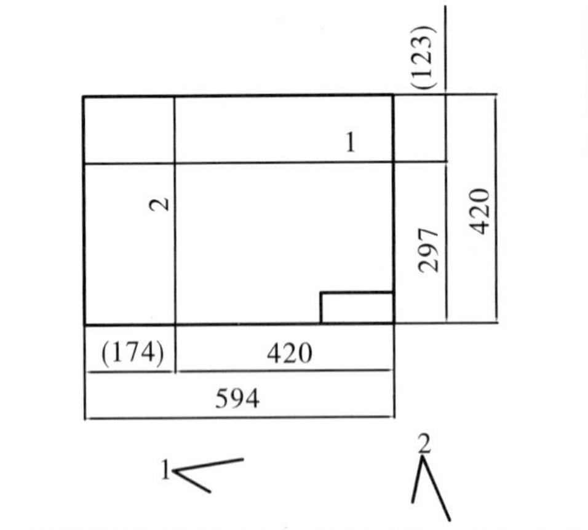	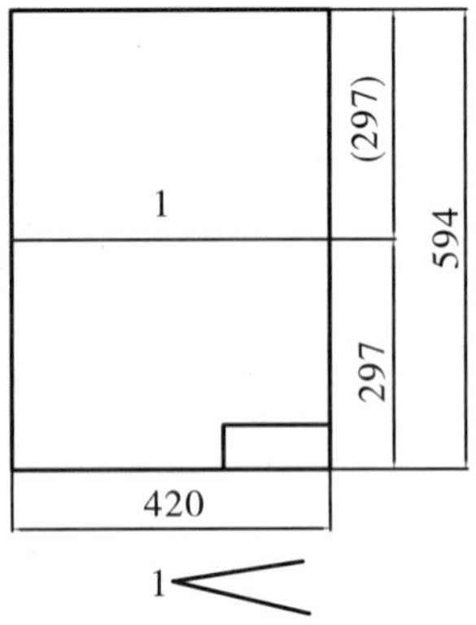

表 5－7　折叠成 A4 幅面的方法（四）

图幅	标题栏方位	
	在复制图的长边上	在复制图的短边上
A0	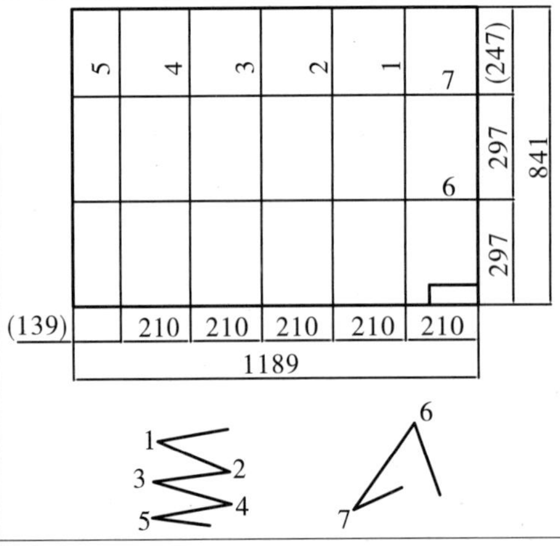	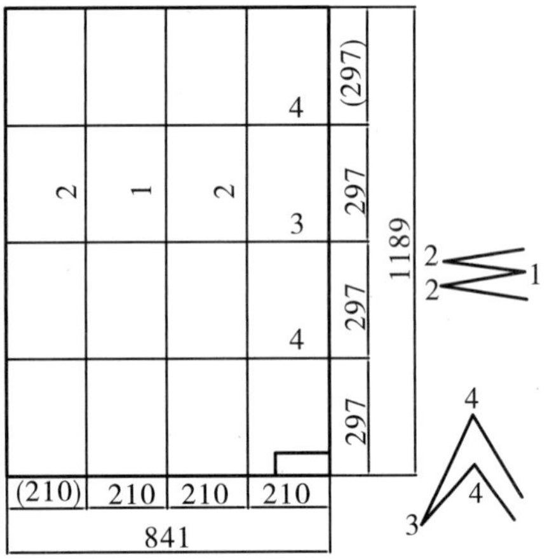
A1	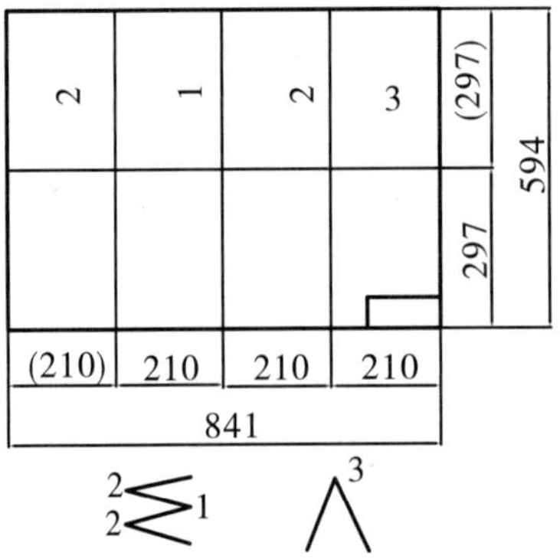	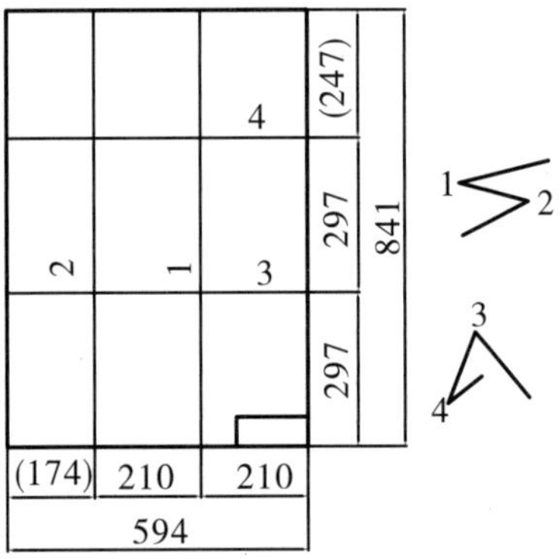

（续上表）

图幅	标题栏方位	
	在复制图的长边上	在复制图的短边上
A2	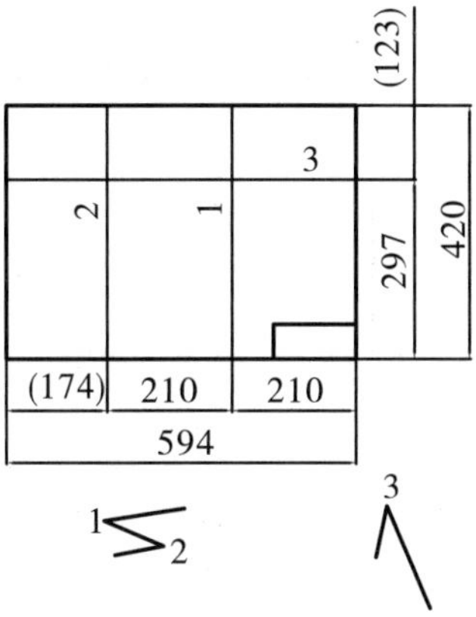	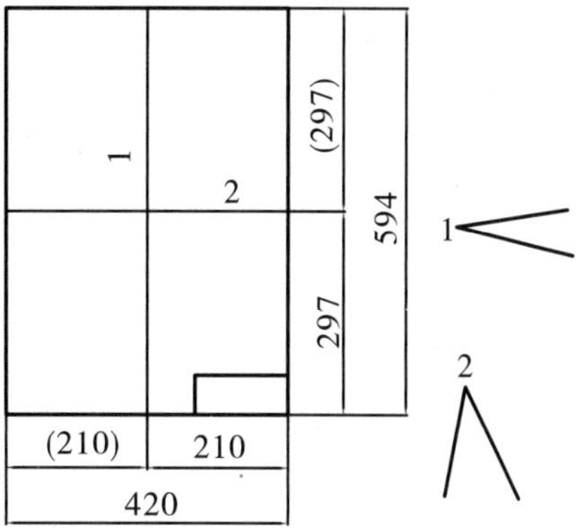

表 5－8　折叠成 A3 幅面的方法（四）

图幅	标题栏方位	
	在复制图的长边上	在复制图的短边上
A0	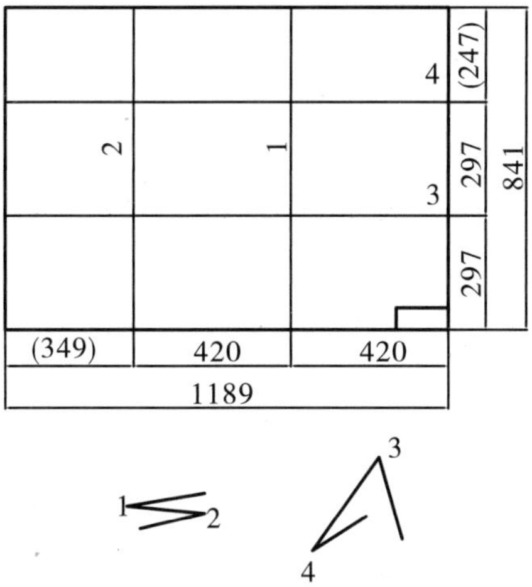	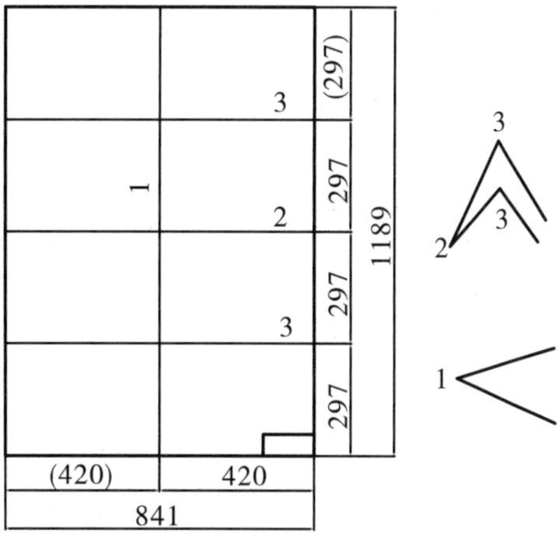

（续上表）

<table>
<tr><th rowspan="2">图幅</th><th colspan="2">标题栏方位</th></tr>
<tr><th>在复制图的长边上</th><th>在复制图的短边上</th></tr>
<tr><td>A1</td><td>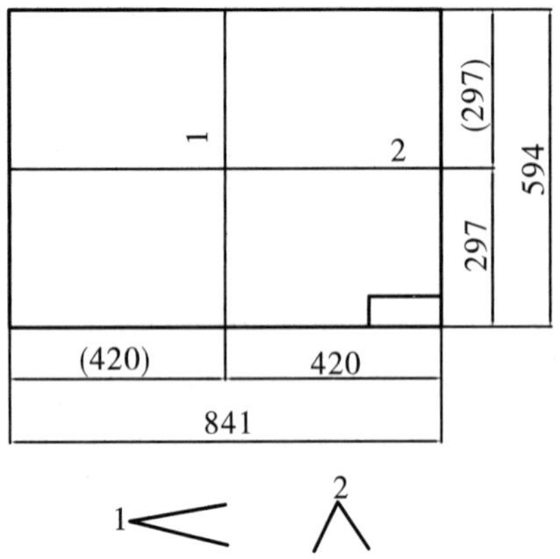
</td><td>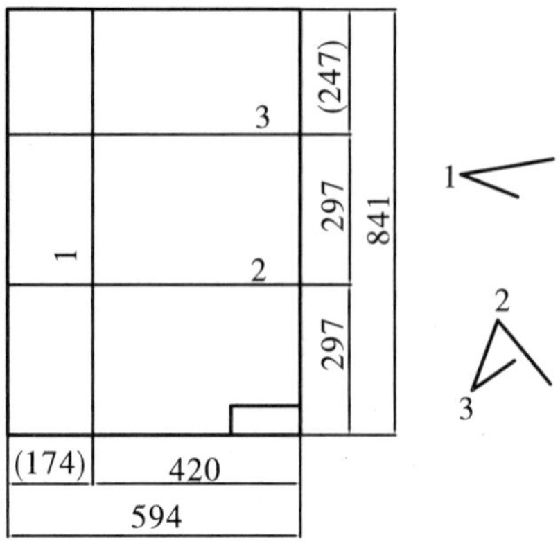
</td></tr>
<tr><td>A2</td><td>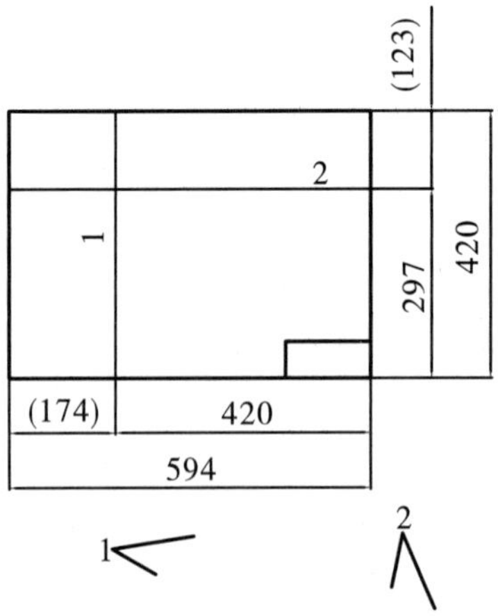
</td><td></td></tr>
</table>

参考文献

［1］何铭新，钱可强．机械制图［M］．5 版．北京：高等教育出版社，2004.

［2］孙兰凤，梁艳书．工程制图［M］．北京：高等教育出版社，2004.

［3］邢闽芳．互换性与技术测量［M］．北京：清华大学出版社，2011.

［4］赵忠玉．测量与机械零件测绘［M］．北京：机械工业出版社，2008.

［5］倪莉．机械制图课程设计指导书［M］．北京：中国电力出版社，2008.

［6］王子媛，贺爱东，林海雄．零部件测绘实训［M］．广州：华南理工大学出版社，2014.

［7］蒋继红，何时剑，姜亚南．机械零部件测绘［M］．北京：机械工业出版社，2009.

［8］高红．机械零部件测绘［M］．北京：中国电力出版社，2008.

［9］杨文瑜．机械零件测绘［M］．北京：中国电力出版社，2008.

［10］李玉菊，张东梅．工程制图［M］．北京：科学出版社，2012.

［11］王兰美，冯秋官．机械制图［M］．北京：高等教育出版社，2010.

［12］王颖，杨德星，赵敏玲．工程制图［M］．北京：高等教育出版社，2012.

［13］孙桓，葛文杰．机械原理［M］．9 版．北京：高等教育出版社，2021.

［14］任丽梅，钟小伟．渐开线斜齿圆柱齿轮测绘技巧［J］．煤矿机械，2012（8）．